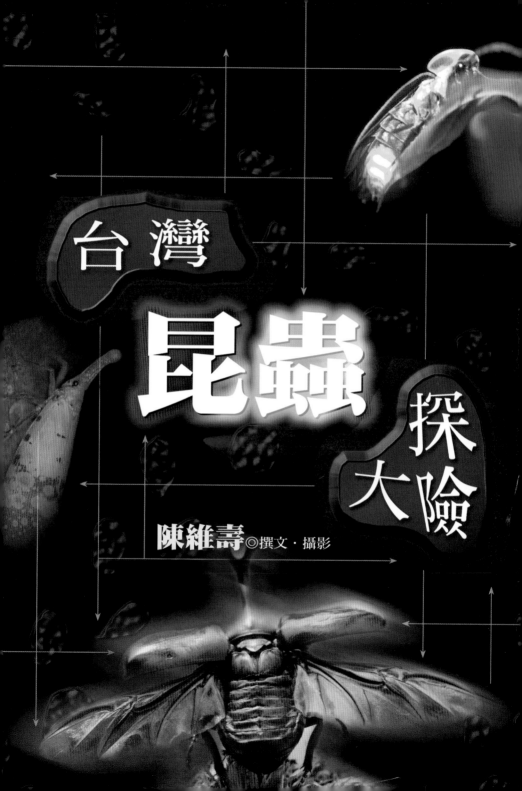

# 台灣

# 昆蟲

# 探大險

陳維壽◎撰文・攝影

# 他對昆蟲生命的熱愛

台灣大蝗在草叢中形成保護色。

陳先生維壽於1951年秋，進入台灣省立農學院（國立中興大學前身）植物病蟲害學系，1955年夏，獲頒農學士，是該系第5屆畢業的傑出校友。

穀紳認識陳維壽先生已逾47年。陳先生在校期間，熱心公益，樂於助人，素為全系師生所稱頌。陳先生嗜愛蝴蝶，尤在田間觀察與採集方面，表現更為突出。穀紳偕同學赴蓮花池、阿里山、惠蓀林場等地教學實習、採集昆蟲，陳君屢出奇招，成果豐碩，令人稱羨不已。陳先生於大學畢業後，為服務鄉梓，毅然投入基層教育工作，但於公餘，對蝴蝶觀察研究，則從未中斷，報章雜誌亦常有報導陳維壽先生所發現的新種蝴蝶及蝴蝶谷等消息，不久又在台北市成功高中創設聞名中外的「昆蟲博物館」，遂將常見昆蟲轉化為中小學科學教育資源，陳君之功，實不可沒。1974年陳先生出版之《台灣區蝴蝶大圖鑑》，亦為目前研究蝶類的基礎書籍之一，其在學術上的貢獻與成就，不言可喻。

交配中的紅鹿子蛾。

1970年後，全民環保意識高漲，政府亦重視生態，並積極推展昆蟲保育工

作，其中尤以蝴蝶、螢火蟲的復育計畫最具成效；國內有關蝶類的保育研究與實際工作，如蘭嶼珠光鳳蝶保育研究、黃蝶翠谷蝴蝶復育試驗等，多委請陳維壽先生負責策畫、指導而完成。迄今陳君已出版50種以上以昆蟲為主的專著，凡此種種，穀紳亦感與有榮焉。

古詩「吟喬樹之微風、飲高秋之墜露」的主角——蟬。

近年來已有不少昆蟲學者競相出版極具水準之昆蟲圖鑑、通俗讀物、兒童用畫冊等，殊值慶賀和欣慰，然而真正能夠協助或引導讀者走上賞蝶、玩蟲、觀螢之書刊，尚不多見。去歲，陳維壽先生以非傳統方式與筆調出版《台灣賞蝶情報》一書後，頗受各方好評，並有效激發讀者享受賞蝶之樂。陳先生有鑑於此，遂將其多年來蒐集之資料，以生動之筆法，完成《台灣昆蟲大探險》一書，以饗讀者。深信此書必能引發讀者在賞蟲之餘，對昆蟲世界亦有更深一層之認識，是為序。

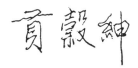

1998年初夏

※貢穀紳教授，為我國昆蟲學界之大老，光復後第一代昆蟲學者幾乎都受其指導。曾任國立中興大學校長、農學院院長、昆蟲系主任及昆蟲研究所所長，並創設中華昆蟲學會，擔任首任理事長。

# 走入昆蟲的有情世界

白金龜。

1995年的夏天，我應邀去花蓮文化中心演講，回程在機場興奮地遇見陳維壽老師，手裡正抱著3個盒子跟學生聊天。

「您那個盒子裡裝的是什麼？」我問他。

「螳螂，在這兒抓的。」

他把塑膠盒拿給我看，裡面果然裝著3隻小螳螂。

「為什麼不裝在一個盒子裡呢？」我問。

「怕牠們把彼此給吃了。」他笑道。

「聽說有時候還在交尾，母螳螂就會把公螳螂的頭咬下來？」我問。

「對！對！對！」他笑，作出很奇怪的表情：「這樣公螳螂才會快樂。」

「頭被咬掉才會快樂？」我叫了起來。

「當然，牠沒有了頭腦去想，就更能充分享受交尾的快感了。」他的表情益發神祕。

「您又不是螳螂，您怎麼知道？」我詰問他。

「我看得出來！」他笑得跟個孩子一樣。

陳維壽老師就是這麼可愛，他不僅是著名的昆蟲學家，創立了聞名國際的「成功高中昆蟲博

螳螂的愛恨情仇。

物館」；更重要的是，他以非常主動的教育方式，帶領學生進入昆蟲的世界。

昆蟲的世界是多采多姿的，牠們不但各有各的美，讓人驚訝造物者在「極小處的精心」，更能見到如同人類世界的「愛恨情

台東金崙溪上游雖不易深入，卻是良佳的賞蟲場所。

仇」。陳維壽老師一方面從科學的角度去觀察、去研究，一方面從感性的角度去賞玩、去想像。所以他描述的昆蟲世界，總是那麼生動而有情，也可以說那一切都源於他對生命的熱愛。

最近看了陳老師的《台灣賞蝶情報》，感動極了，立刻打電話給他，說只有當一個國家能有像他這樣的人，作出這樣的書，而且獲得讀者的喜愛，才能反映出這國家文化的精緻。因為如果沒有錢、沒有閒、沒有對知識的熱愛、沒有對大自然的關懷和最敏銳的感觸，人們就不可能進入如此「微妙的境界」。

知道陳老師又有《台灣昆蟲大探險》即將出版，深入淺出地帶領大家「覓蟲觀姿」、「滋潤人生」，真是興奮無比。我不能不對陳老師致上最深的敬意：

40年前，您年輕時，走在時代的前端，在那麼艱苦的環境中成立昆蟲館；40年後，您退休了，更走入群眾，帶領大家繼續探索昆蟲的世界。我們以您為榮。

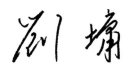

1998年夏夜

# 台灣昆蟲大探險

目　　　錄

推薦序　他對昆蟲生命的熱愛　貢穀紳　　　　　2

推薦序　走入昆蟲的有情世界　劉墉　　　　　　4

## 神奇的昆蟲萬花筒　　　　　　　　　　　10

昆蟲是什麼樣的動物？　11

昆蟲出現在地球的脈絡　13

昆蟲精巧的身體　16

昆蟲的生涯　28

多采多姿的昆蟲形性　34

彷彿戴著頭盔的角蟬。

## 打開昆蟲百科全書　　　　　　　　　　　50

### 殺夫育子的母夜叉

螳螂　51

### 會走路的樹枝

竹節蟲　54

### 活躍的演奏家

蟋蟀　56　　　螽斯　58

蝗蟲　58　　　螻蛄　60

### 空中巡邏隊

蜻蜓　62　　　豆娘　64

### 愛漂亮的臭小子

椿象　66

### 神出鬼沒的水中昆蟲

蠍椿象　68　　　田鱉　69

負子蟲　69　　　水黽　70

### 燃燒生命的歌手

蟬　72

人面天蛾的胸部背面像極了骷髏頭！

蝦殼椿象外形雖美，但會散發強烈臭液。

## 身懷絕技的昆蟲

泡沫蟬　74　　　白蠟蟲　75

## 嬌小成群的昆蟲

角蟬　76　　　膠蟲　76　　　蚜蟲　77

## 飛舞的花朵

蝴蝶　79

蛾　80　　　皇蛾　82　　　天蛾　84　　　枯葉蛾　86　　　毒蛾　87

　　　　　　燈蛾　87　　　刺蛾　88　　　菜蛾　88　　　鹿子蛾　89

　　　　　　夜蛾　89　　　尺蠖蛾　90　　　像蝴蝶的蛾類　91

　　　　　　避債蛾　91　　　大燕蛾　93

## 第一武士：甲蟲一族

長臂金龜　94　　　獨角仙　95　　　金龜子　96　　　糞金龜　98

鍬形蟲　99　　　吉丁蟲　101　　　叩頭蟲　102　　　虎甲蟲　103

瓢蟲　103　　　象鼻蟲　106　　　搖籃蟲　108　　　竹筍龜　108

天牛　109　　　芫菁　110　　　金花蟲　111　　　龍蝨及牙蟲　112

隱翅蟲　113

## 提小燈籠的天使

螢火蟲　114

## 嗡嗡嗡，小心我的毒針

虎頭蜂　121　　　玳瑁蜂　123　　　熊蜂　123　　　長腳蜂　124

細腰蜂　125　　　蜜蜂　126　　　寄生蜂　128　　　切葉蜂　129

## IQ極高的勞動者

螞蟻　130

## 不得人緣的昆蟲

蚊蠅虻　132　　　蟑螂　134　　　白蟻　135　　　蜉蝣　136

石蛉　136　　　石蠶蛾　137　　　蟻獅　138　　　螻蛄　139

衣魚　139

# 台灣昆蟲大探險

目　　　錄

## 切不斷理還亂的人蟲關係　140

昆蟲和人類的糾纏　141

台灣的昆蟲資源　142

昆蟲採集和保育間的平衡問題　147

## 賞蟲玩蟲樂無窮　150

**賞蟲樂　151**

不同層次的賞蟲活動

賞蟲的準備

尋覓昆蟲的要領

賞蟲時期的選擇

**玩蟲趣　160**

用心觀察

種原的採集和攜運

飼養方法

**容易飼養、觀察的實例　165**

紅娘華的前肢發達，是水中殺手。

## 傾聽野外昆蟲的呼喚　198

面天山蝴蝶花廊　199

烏來・福山一帶　206

汐萬路和千蝶谷　211

北部其他賞蟲地　213

北橫公路　219

棲蘭・太平山一帶　223

東部其他賞蟲地　227

埔里一帶　229

中橫公路及其支線　235

中部其他賞蟲地　239

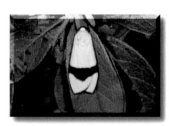

夜間燈下常見的紋白細翅燈蛾。

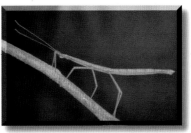

阿里山一帶　243
鵝鑾鼻半島　248
南部其他賞蟲地　254
蘭嶼　258
野外賞螢據點　262

擬態枯枝的竹節蟲。

# 昆蟲博物館‧昆蟲園

北市成功高中昆蟲博物館　265
木柵動物園蝴蝶館　267
北市士林國小昆蟲館　267
內湖活性昆蟲標本館　268
汐止千蝶谷昆蟲生態農場　268
新竹登元昆蟲公園　269
新竹芎林國小昆蟲教室　270
埔里木生昆蟲館　271
埔里錦吉昆蟲館　271
埔里蝴蝶生態農場　272
彰化台灣民俗村蝴蝶館　272
台南亞歷山大昆蟲館　273
美濃蝴蝶生態農場　273
屏東國堡遊樂區蝴蝶園　274

內湖活性昆蟲標本館。

後記　重尋與昆蟲同樂的趣味　陳維壽

作者檔案

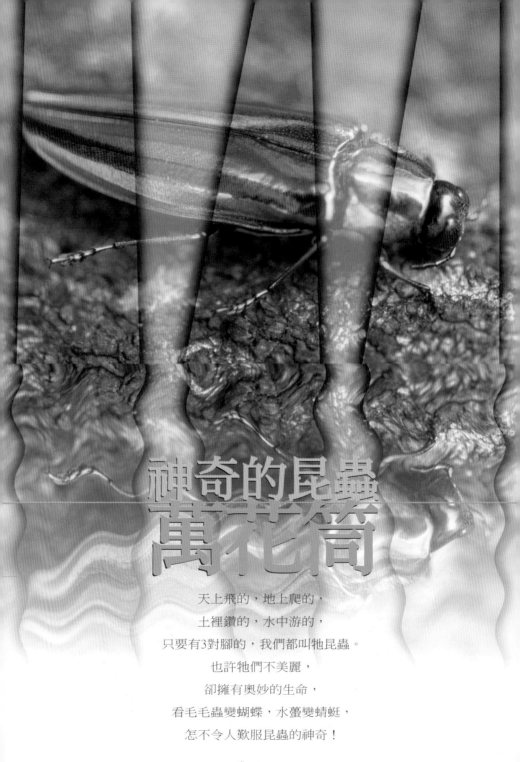

# 神奇的昆蟲萬花筒

天上飛的，地上爬的，

土裡鑽的，水中游的，

只要有3對腳的，我們都叫牠昆蟲。

也許牠們不美麗，

卻擁有奧妙的生命，

看毛毛蟲變蝴蝶，水薑變蜻蜓，

怎不令人歎服昆蟲的神奇！

# 昆蟲是什麼樣的動物？

## 「蟲」和「昆蟲」

我們在日常會話中所指的「蟲」範圍很模糊，它當然包括蝴蝶、甲蟲等昆蟲，以及蜘蛛、蜈蚣等雖然不是昆蟲，卻是昆蟲親籍的其他節肢動物；然而「蟲」一字還可涵蓋屬於圓形動物類的蛔蟲、扁形動物類的水蛭、原生動物類的草履蟲等，甚至也有人把蜥、蛇也併入「蟲」類。因此「昆蟲」是「蟲」的一類，但是「蟲」不一定是「昆蟲」。

那麼什麼叫作「昆蟲」呢？最簡單的定義是「有3對腳」的動物，因此只要牠具有這種特徵，不管外形多怪異，百分之百是「昆蟲」。然而仍有極少數，因為腳退化而從外部看不到3對腳的昆蟲，因此我們應該認識昆蟲的其他特徵。

## 昆蟲的特徵

1.昆蟲由體壁構成外骨骼，因此體內沒有任何骨骼，肌肉長在體壁內側。

2.昆蟲的身體，包括腳，都由明顯的環節構成。

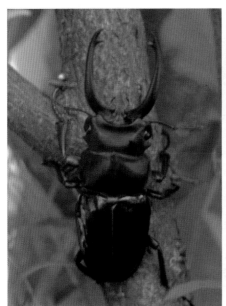

凡是有3對腳的動物，我們叫牠「昆蟲」　1 鍬形蟲、2 剛脫皮的蟋蟀、3 竹節蟲

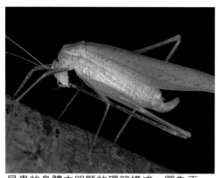

昆蟲的身體由明顯的環節構成。圖為正在清潔腳部的螽斯。

3.昆蟲的身體明顯區分成頭、胸、腹3部分。

①頭部：有1對觸角、1對複眼及1組口器。

②胸部：分為前、中、後胸，並具有3對腳及2對翅膀。

③腹部：由10節左右環節組合，尾端有生殖器，每一腹節兩側有氣孔。

以上可以作為昆蟲定義的各項特徵，但仍有極少數例外。如有些昆蟲複眼退化，有些則另有單眼，有的昆蟲幼蟲沒有腳或成蟲沒有翅膀等，這些將會在後文中說明。

### 動物界中的昆蟲

分布在地球上的生物種類實在太多了，多到無從著手探討，因此生物學家設置了所謂的「生物分類階級」，並研究各類生物特徵後分門別類，排放在適當的「階級」中。昆蟲是屬於動物界，節肢動物門中的昆蟲綱。

**1.生物分類的階級**

界→門→綱→目→科→屬→種

**2.昆蟲在生物界中的分類階級（詳見下表）**

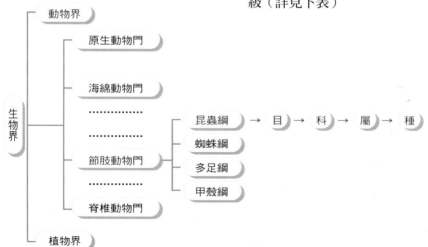

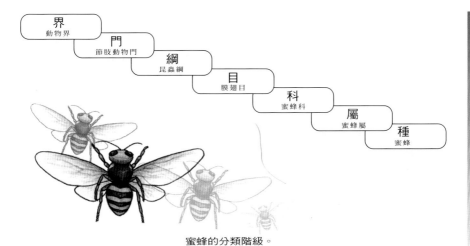

界
動物界

門
節肢動物門

綱
昆蟲綱

目
膜翅目

科
蜜蜂科

屬
蜜蜂屬

種
蜜蜂

蜜蜂的分類階級。

### 3.昆蟲的親籍

凡是具有外骨骼、體肢由環節構成的動物都稱為「節肢動物」。節肢動物再分綱：

①昆蟲綱：有3對腳，頭、胸、腹間有明顯的界線。

②蜘蛛綱：頭部和胸部密合在一起，沒有明顯的界線，叫作頭胸部。不具備觸角，有4對腳，例如蜘蛛、蠍子等。

③多足綱：腹部和胸部合在一起，沒有明顯的界線。胸部及腹部各體節均有1對腳，因此至少有5對以上，更有上百對腳的種類，如蜈蚣等。

④甲殼綱：有2對觸角。身體分為兩部分，有些頭、胸部合在一起，有些胸、腹部合在一起。不像其他節肢動物用氣管呼吸，而是用鰓呼吸，如蟹、蝦。

## 昆蟲出現在地球的脈絡

### 昆蟲的起源

遠在古生代末期，大約2億5千萬年前的地層中，已留有昆蟲化石的紀錄，其實可能更早在4億年前就有昆蟲發生，一般相信牠們是由海棲的節肢動物演化而來；而其祖先由水中遷移陸地住棲的時間，比由魚類演化而占據陸地開始生活的古代兩棲動物更早。

約在3～4億年前古生代的中末期，海中已有各種各樣古怪的

生物，同時生物間的生存競爭也趨向激烈。幾公尺長的巨大古魚在海中追逐捕食體型較小的節肢動物，成群的節肢動物被追近陸地邊緣，到了無處可逃面臨生命危險時，一部分節肢動物偶然地躍身翻跳到陸地上去。牠們幸運地躲避了敵人一陣之後，有些個體又翻入海中繼續求生，有些則不能立刻返回水中，而在乾燥的地面上掙扎。大部分的個體經過了一段時間後，在痛苦中死於異域，但是其中極少數的特殊個體，因能適應乾燥的陸地生活，幸而維持了生命。

這個幸運而堅強的個體在陸上發現，那兒早就有繁茂的古代植物世界，這等於是新發現的天堂。因為在當時的陸地沒有天敵，不會被其他動物捕食，甚至沒有第2隻動物可與牠爭奪吃不盡的食物。於是這一隻古代節肢動物就開始在陸地上靠無性生殖繁殖，成為昆蟲的遠祖。當時的昆蟲祖先多呈圓筒狀的蠕蟲，具有多對腳，有些很像現代昆蟲的幼蟲期，沒有翅膀，形體並不大。自此以後，牠們以相當驚人的速度繁殖與演化，經過了5千萬年，到了中生代初期，也就是在地球

從現代蜻蜓的模樣，可依稀推敲出古代蜻蜓的外貌。圖為台灣黑翅蜻蜓。

歷史上昆蟲稱霸全世界的時候。

當時的地球表面並無現在的高山深海，整個地球只有緩斜丘陸與廣淺海域，沒有寒、熱帶與四季的分別，這整年如春的氣候，適於昆蟲繁殖。於是到處可見巨大的昆蟲，種類既多，數量更多。古代蟑螂、蝗蟲長達3尺，可捕食小型脊椎動物；古蜻蜓翅長4尺，是該時代唯一能在空中自由飛行的動物。這時昆蟲君臨動物界的極峰，橫行一時。但好景不常，經過一番激烈的生存競爭與鬥爭之後，由兩棲類演化而來的爬蟲類侵占了牠們原來的生活領域。於是昆蟲的勢力慢慢衰退，體型又由大型趨向小型。

這種演化看起來像是昆蟲們敗退了，其實卻是以退為進的重要步驟，同時也奠定了日後歷經數億年歷史而不被淘汰的基礎。昆蟲勢力衰退後，巨大的爬蟲類——恐龍占據了整個地球，到中生代末葉恐龍遇到滅絕的命運後，形狀古怪的古哺乳類取代恐龍橫行山野，直到人類的祖先靠著靈活的頭腦制伏了一切生物，成為萬物之靈為止。昆蟲雖不能與這些體型龐大的動物明爭，卻能各憑獨特形性自由自在地繁殖而不衰，這種驚人的能力並非偶然，而有必然的因果關係。

## 昆蟲的演化

所謂演化，是一種動物在漫長的歲月中，由於遺傳基因的突變，配合自然界中「適者生存、不適者淘汰」的規律，體制由簡單趨向繁雜、由低等逐漸變成高等的經過。

陸棲節肢動物最早的始祖是沒有翅膀、體制簡單低等的古蜈蚣，到了石碳紀才出現了屬於不完全變態的昆蟲。此後昆蟲的種類隨著歲月快速增加，體制複雜化且產生了不少高等的現代昆蟲。在這漫長的演變過程中，不能適應新環境的昆蟲不斷地被淘汰而絕種絕孫，但是新出現的種類更多，留積到現在，地球上昆蟲最多時可達170萬多種。然而近年來，人類過度繁衍且造成了生態環境的大變動和汙染，絕種的昆蟲種數激增。在可預見的將來，世界上的昆蟲種類不但不會增加，相反地，會不斷減少。雖然如此，現存昆蟲中有些種類的繁殖力、適應惡質環境的能力超

多數種類的鱗翅目昆蟲，翅膀五彩繽紛，惹人憐愛。圖為黑端豹斑蝶。

同翅目昆蟲的前後翅均為膜質，部分學者將此目與半翅目合併。圖為黑翅紅蟬。

強，因此當人類繼續破壞生態環境，致使環境惡化至某一限度時，人類也會像恐龍一樣由地球表面消失，而此時仍然能夠在地球繼續生存的必是蟑螂一類適應力超強的部分昆蟲。或者十萬、百萬年以後，這些昆蟲進化而有了文化，在書本上也許會諷刺地寫著：從前有一種叫人類的智性動物，牠們靠智力為了貪婪破壞環境，像恐龍一樣胡裡胡塗地絕種了……。

## 昆蟲的大家族

　　昆蟲綱是全世界動物中種類最多的一群，有紀錄可查的就有120多萬種，其中有極少部分種類根本沒有翅膀，和公認的昆蟲特徵有些許差異，因此根據有、無翅膀又把昆蟲綱分為2類：

### 1.無翅亞綱

　　很原始、不具翅膀的微小昆蟲。多生活在落葉堆、腐植土等潮溼、無陽光的場所。

### 2.有翅亞綱

　　包括的種類太龐大，因此再根據翅膀形成過程的不同分為2群，其下又分成30多目：

　　①外生翅群：翅膀在幼蟲期即逐漸出現，屬於不完全變態的昆蟲。

　　②內生翅群：直到蛹期方可見翅的雛型，屬完全變態類昆蟲。

　　昆蟲綱的分類細目，詳見下頁的系統樹。

# 昆蟲精巧的身體

　　不太引人注意的小小昆蟲，卻具有令人驚歎的巧妙精緻的構造，而且因種類差異，各有特殊

神奇的昆蟲萬花筒

## 昆蟲的系統樹

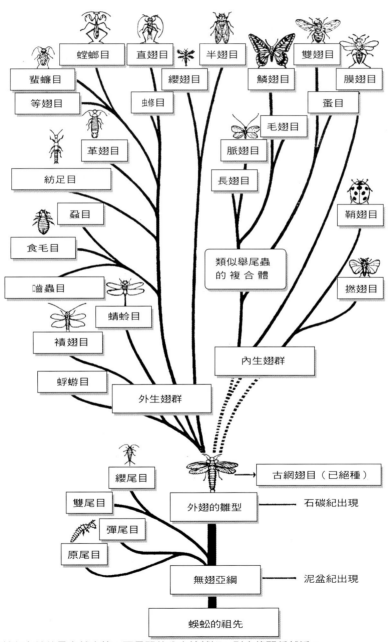

◎越在上端的昆蟲越高等，兩目間的分支線越短，則血緣關係越近。
◎本圖表參照《原色昆蟲百科圖鑑》（古川晴男、長古川仁、奧谷貞一編著，集英社出版）。

的不同形態和功能，使每一種昆蟲都完全能夠適應牠們各自的生活需要。如果我們使用放大鏡或透過顯微鏡，觀察昆蟲的微小構造，將可發現意想不到的景象；例如在神話故事中出現，令小孩子驚駭的多眼怪獸的模樣，就可以在昆蟲的臉上看得到，牠們不僅有兩種眼，還常有上千個小眼呢！

## 昆蟲的身體構造

昆蟲的身體很明顯地分成頭、胸、腹3部分。

### 1.頭部

接受外來刺激信息以及攝取食物等功能。

①觸角1對：主司觸覺、味覺。

②眼：主司視覺，有複眼及單眼兩種。

③口器1組：由3對顎所構成，攝食之用。

### 2.胸部

分為3節，運動器官完全在胸部。

①前胸：前腳1對。

②中胸：中腳1對、前翅1對、氣孔1對。

③後胸：後腳1對、後翅1對、氣孔1對。

### 3.腹部

由8～12個環節連結而成。環節間由柔軟的節間膜連結，因此腹部可以自由伸縮、彎曲。每一節側面有氣孔1對。腹部末端有生殖器1組。

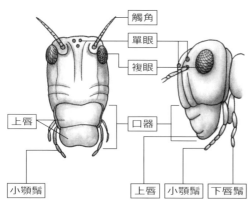

蝗蟲的頭部構造。

昆蟲的頭部。圖為尖頭蝗。

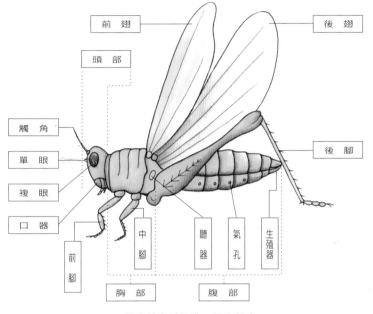

前翅　　　後翅

頭部

觸角

單眼

複眼

口器

前腳

中腳

聽器

氣孔

生殖器

後腳

胸部　　　腹部

昆蟲的身體構造。圖為蝗蟲。

## 壁構成外骨骼

昆蟲身體的外表，不像高等動物一樣由柔軟有生命的皮膚所包裹，而是由僵硬的體壁構成。昆蟲體壁是角質層和幾丁質的組合，角質層在外側，直接和外界接觸，近透明，有防水作用；幾丁質在內側，化學構造很像砂糖，具有很強的耐酸耐鹼、抗壓抗拆的特性。結合了角質層和幾丁質的體壁，不但足以保護蟲體，也形成了外骨骼，讓肌肉於體內附在體壁，主司運動。

由於昆蟲體壁並非由細胞構成，因此不具生命，不能隨著蟲體生長而增加面積，這就是為什麼昆蟲在生長過程中必須不斷地脫皮的原因。

所謂脫皮，是指由卵孵出來的幼蟲逐漸生長、增加體積到原來體壁再也無法容納時，蟲體的表皮細胞開始在舊體壁內分泌新的幾丁質，同時分泌脫皮液。這種脫皮液對新形成的幾丁質毫無作用，但能軟化並分解外側的舊體壁幾丁質收回體內，於是角質層脫離身體，由頭部裂開。

鳳蝶幼蟲的單眼（各7個）參差在複眼中。

## 眼

　　昆蟲的眼有單眼及複眼兩種，不少昆蟲同時具有這兩種眼。如果有複眼，即為1對；單眼數量則因種類不同而不一定，常見的是3個，並排成倒三角形。像鳳蝶幼蟲中有14個單眼的種類，也有極少數下等昆蟲，不具任何眼。

### 1.單眼

　　很小，構造簡單，只能辨別明暗，頂多能看到近距離的影像，好似近視眼。完全變態的昆蟲幼蟲，單眼長在頭部兩側，有些參差在複眼中；成蟲的單眼都長在臉面額頭部位。

### 2.複眼

　　昆蟲的複眼通常很大，呈半球面形，如用顯微鏡觀察，表面很像蜂巢，由密密擠排的六角形小眼構成。構成一個複眼的小眼數量因種類而不同，數百、數千到數萬都有。每一個小眼呈六角錐形，而只能看到物體的一小點。因此需要上千上萬小眼同時看物體，把每一個小眼看到的小點綜合起來，才能看到物體的整個影像。

　　複眼的主要功能是看遠處物體，太接近的東西反而看不到，可以說是遠視眼。

### 3.為什麼需要兩種眼？

　　昆蟲的眼和高等動物的眼球

昆蟲的複眼通常很大，呈半球面形，幾乎占滿整個頭部。

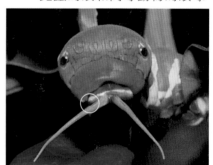

大鳳蝶幼蟲的眼（被黃色臭角遮住），正面的2個黑點只是眼狀紋。前端黃色臭角會散發強烈酸味，嚇退天敵。

不一樣。我們的眼睛具有三次元視覺，所見物體的影像遠近層次明顯，並有立體感；然而昆蟲的眼只具備二次元視覺，也就是所看到的影像都是平面的，因此必須有兩種不同的眼合作，靠視覺差去感覺遠近或立體感。

此外，昆蟲眼所能看到的光譜也和高等動物的眼球不一樣。我們能夠看到的光譜中某些部分，牠們看不到，但是相反地，我們看不到的一些紫外線、紅外線，牠們卻能看到。不同昆蟲的視力相差極大，有些弱得接近眼盲，有些敏銳得不得了。

## 觸角

觸角的主要功能是觸覺、嗅覺，靠它能夠使昆蟲順利地覓食、尋偶、尋覓產卵適所、區別

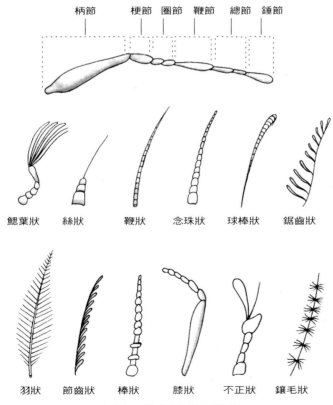

柄節　梗節　圈節　鞭節　總節　錘節

鰓葉狀　　絲狀　　鞭狀　　念珠狀　　球棒狀　　鋸齒狀

羽狀　　節齒狀　　棒狀　　膝狀　　不正狀　　鑲毛狀

觸角的基本模式構造及各種形狀。

同類或回巢等行動。但少數昆蟲卻有特殊功能，例如蚊子觸角具有聽覺，可以靠密生在觸角上的感覺毛振動接受音波、察覺聲音，有些昆蟲觸角也兼有捕捉食物功能。

觸角由許多環節構成，著生於頭部兩側、複眼附近，並向前伸長，按需要擺動。

觸角的構造、形狀因種類不同而有很大差別，這也是昆蟲分類時的重要參考。

### 口器

昆蟲的嘴巴叫作口器，它的構造、功能因個別種的食性不同而相差很大。可分為6種形式：

### 1.咀嚼式

如蝗蟲、蟋蟀、蝴蝶幼蟲，有大小顎可以咀嚼莖、葉、果實等固體食物。

### 2.刺吸式

適合刺穿動植物體表組織並吸食汁液，如蚊子、跳蚤、蟬等。

### 3.銼吸式

像薊馬，其口器不對稱，右大顎退化，左大顎、小顎及下咽頭均呈針狀，藏於錐形口腔內且可以伸縮。口器不能刺入他物，但能銼碎後再吸食液體。

### 4.舐吮式

如蒼蠅，先分泌唾液溶解物質及小顆粒食物，再舐吸液汁。吻部平時縮入頭內，取食時才翻出，並將體液灌入吻部膨脹後才舐吸液汁。

### 5.曲管式

蝶、蛾的上唇和大顎退化，下唇僅存下唇鬚，由小顎嵌合成細長

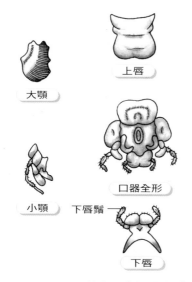

蝗蟲咀嚼式口器構造圖。

蟬的刺吸式口器

薊馬的銼吸式口器

蠅的舐吮式口器

蝶的曲管式口器

蜜蜂的咀吸式口器

口器的形式。

有彈性食管,從食管前端吸食液汁;不用時就像錶內的彈簧,捲曲後收藏在頭部下側。

### 6.咀吸式

如蜜蜂,大顎及上唇結構類同咀嚼式,但小顎及下唇則形成吸收式,一方面可咀嚼固體食物,一方面可吸食液汁。

### 腳

絕大多數昆蟲都有明顯的3對腳,但極少數昆蟲因退化而看起來只有2對腳,如部分斑蝶、蛺蝶前腳退化,有些前胸還懸掛著退化的小小細細前腳,有些完全退化得找不到痕跡。在幼蟲時期,腳數量變化更大,像蜂、蠅幼蟲根本沒有腳;鱗翅目蝶、蛾幼蟲除了3對腳外,還有不少腹腳及尾腳。

腳的基本構造為5種環節,但節數、形狀等因種類而變化很大,由腳的形狀就能知道這種昆蟲會採用何種模式行動。有些昆蟲同時有兩種不同形式的腳。

### 1.步行腳

一般昆蟲的腳,適合步行,如金龜子、蜂等。

### 2.跳躍腳

便於有力彈跳,如蝗蟲等直翅目昆蟲後腳。

### 3.游泳腳

有刷狀長毛,如龍蝨後足。

### 4.攜粉腳

有櫛狀毛,可搬運花粉,如蜜蜂。

### 5.開掘腳

適於挖掘土壤,如螻蛄。

### 6.捕捉腳

像鐮刀狀可捕捉小動物,如螳螂前腳。

### 7.懸掛腳

細長而尖端有鉤,便於懸掛,如黑大蚊。

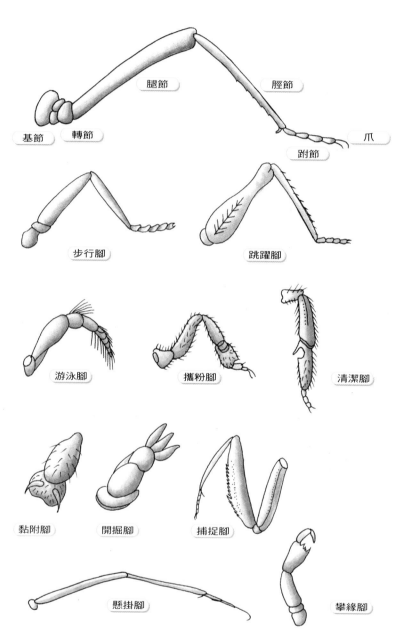

腿節　　　脛節

基節　　轉節

爪

跗節

步行腳　　　　　　跳躍腳

游泳腳　　　　攜粉腳　　　　清潔腳

黏附腳　　　開掘腳　　　捕捉腳

懸掛腳　　　　　　　攀緣腳

腳的基本構造及各種形式的腳。

## 翅膀

除了極少數下等昆蟲或營寄生生活的昆蟲外，都應有2對翅膀。位於中胸者稱前翅，位於後胸者稱後翅。昆蟲翅膀變異很大，但翅脈的分布多有規則，可作為分類學上的根據，標準的模式翅膀為三角形。

### 1.鱗翅

如蝴蝶和蛾的翅膀，其上密布彩色鱗片。

### 2.扇狀翅

多數一般昆蟲，如蝶、蛾、蝗蟲的後翅等呈扇狀。

### 3.纓翅

如薊馬，呈狹長毛束狀。

### 4.翅鞘

甲蟲類的前翅堅硬，可以保護後翅和腹部。

### 5.膜翅

絕大多數昆蟲翅膀，呈現透明至半透明的膜質。

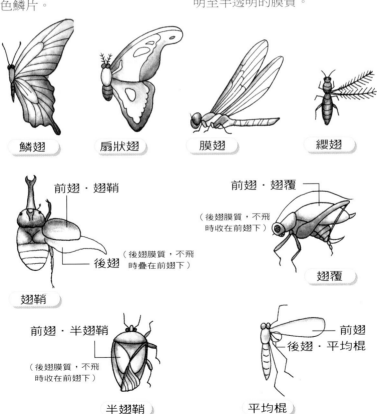

鱗翅　　扇狀翅　　膜翅　　纓翅

前翅・翅鞘
（後翅膜質，不飛時疊在前翅下）
後翅
翅鞘

前翅・翅覆
（後翅膜質，不飛時收在前翅下）
翅覆

前翅・半翅鞘
（後翅膜質，不飛時收在前翅下）
半翅鞘

前翅
後翅・平均棍
平均棍

翅膀的種類。

顯微鏡下的鱗片組織。

鱗翅目昆蟲的翅膀上密布彩色鱗片。

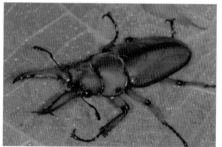

鞘翅目昆蟲的前翅堅硬,有保護作用。

### 6.半翅鞘

半翅目昆蟲的前翅前半部呈革質,後半部為膜質。

### 7.翅覆

直翅目昆蟲如蝗蟲、蟋蟀等,前翅細長呈革質,有保護後翅的作用。

### 8.平均棍

雙翅目昆蟲如蚊、蠅等,後翅退化呈棍棒狀,主司身體平衡。

## 特殊構造

### 1.發音器

能夠發出聲音的昆蟲很多,發音原理可分為打擊音、摩擦音、振動音及爆發音4類。昆蟲發音的生態意義,或是引誘異性,或是排擠敵害,有些是痛苦的悲鳴,也有些是愉快歌唱的表示,因種類與場合而不一。發音的部位也因昆蟲而變化很大,可概括分成下列4類:

①直翅目發音器:

‧翅發音器:如蟋蟀、螽斯靠特化翅膀摩擦,可以產生較長時間有節奏的美妙音樂。

‧翅腿發音器:如蝗蟲等前翅基部和後腳摩擦,可產生單調

的聲音。

②同翅目發音器：蟬類雄蟲有專司發音的發音器，不但能夠發出很長時間、很大聲音，而且也有節奏。

③半翅目與鞘翅目發音器：椿象、步行蟲、天牛、象鼻蟲等也可以發出短暫的聲音，這些多是禦敵的一種方式，因此不甚悅耳，多由體部或翅腳上所具有的特殊構造發出的摩擦音。放屁蟲則屬由腹部突然放出氣體的爆發音。

④雙翅目等的發音器：蜂、虻等除了飛行時由於雙翅作高速振動而發出聲音外，也由氣孔噴出氣體而產生聲音。

### 2.聽器

有不少昆蟲沒有聽覺，只有極少數具有高度特化、專司聽覺類似我們耳朵的聽器，位置也不盡相同，如蝗蟲聽器在腹部第1節兩側；蟋蟀、螻蛄及螽斯則位於前腳的脛節上。有些昆蟲雖然沒有聽器，但可憑藉長在身上的聽覺毛或長在腹部末端的尾毛，接受音波。蚊及虻雄蟲即靠觸角上微小的蔣氏感音器聽聲音。

### 3.發光器

大家都知道螢火蟲會發光，其實，還有不少昆蟲，如菊虎、蕈蠅、螢火蚋以及少部分叩頭蟲、步行蟲、吉丁蟲、光蘭龜也會發出幽幽的螢光。其中螢火

螢火蟲身上的發光器是相當特殊的構造。左為雄，右為雌。上圖為台灣山窗螢發光。

蟲、螢火蚋有特化後專司發光的發光器。其他會發光的昆蟲本身並無發光器，但身體內外寄生了一些發光菌，或因吞食發光菌而發出光。

### 4.嗅覺器官

昆蟲的觸角即已具備像人鼻的嗅覺功能，有些昆蟲如蟊斯以尾毛、埋葬蟲以小顎鬚代替嗅覺器官。

### 5.味覺器官

通常昆蟲是靠構成口器的部分構造，如上咽頭、下咽頭或小顎鬚去品嘗食物的味道。但是蝴蝶則靠長在前腳的微小味覺器。說來奇怪，如果前腳沒有碰到食物，即使口器吞進食物也不感覺好吃；口器中沒有食物，只要前腳碰觸食物便覺得美味。此外少類昆蟲則靠觸角甚至產卵管，來辨別食物味道。

### 6.觸覺器官

昆蟲可以從遍布全身表面的微細構造，例如觸角、尾毛、腳上感覺毛、體壁上凸起、感覺毛、感覺器執行觸覺作用。這些構造同時對環境中的氣溫、溼度、氣流等有敏感且正確的感覺。

# 昆蟲的生涯

## 何謂變態？

卵形成後，一直到個體演變成形性與親體相似的過程，叫作「發育」。其中卵受精到孵化成幼體的時期，叫胚胎期，這時的發育稱胚胎發育。由卵孵化的幼體至成熟，而形性與親體相同的時期叫胚後期，這時的發育叫胚後期發育。

昆蟲的一生需經過胚胎期及胚後期發育後，才可成為成蟲。多數昆蟲的胚後期具有若干階段，而不同階段的個體形狀、習性各異。如此，需經過不同形性的若干階段才能完成一個生活環的現象，即謂「變態」。

典型的變態又叫作「完全變態」，共包括4階段。

### 1.胚胎時期

卵期。

### 2.生長時期

幼蟲期（取食期）。

### 3.休息時期

蛹期（靜止變化期）。

### 4.有性時期

成蟲期（生殖期）。

昆蟲發育完成上列一個生活

卵　　小幼蟲　　終齡幼蟲　　蛹　　成蟲

完全變態的4階段：卵→幼蟲→蛹→成蟲。

環者，稱為一「世代」或簡稱「代」，又稱「一化」。

變態除了大小、形狀的變化外，還包括習性的變化。在生命上的意義是，將生命現象中的兩大工作，即取食生長與求偶繁殖，分別以不同時期完成，具有分工合作的意義。這類變態為昆蟲特異現象之一，因為昆蟲的胚後期發育，除生長外，還有明顯的形態變異，故與胚胎期中已定形的高等動物發育過程完全不同。

### 變態的類型

由於昆蟲種類不同，生活情形也不同，變態也不一致，可分如下：

### 1.無變態類

嚴格而言，任何昆蟲均有變態，但原始的下等昆蟲，屬於無翅亞綱，如衣魚，其幼體除了大小以外，形性都極似親體，變化

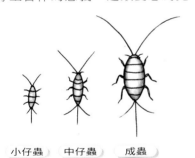

小仔蟲　　中仔蟲　　成蟲

無變態（衣魚）。

小若蟲　　　中若蟲　　　大若蟲　　　成蟲

漸進變態（椿象）。

黃斑椿象的若蟲（左圖）形性與成蟲相近。

殊微，故通常稱為無變態。這些昆蟲的幼體稱為仔蟲。

**2.有變態類**

凡幼體至成體期間有明顯變化者。因變化程度不同再分2類：

①直接變態：又稱不完全變態，即在生活環中缺少蛹期的變態，可分3類：

・漸進變態：幼期時，除了翅及生殖器外，形性與成蟲形體頗為接近，而其變態以大小變異為主，如蝗蟲、椿象等是。此類幼期個體叫若蟲。

・半行變態：幼期的形態、生理、生活環境與親體完全不同者，如蜻蜓等。其幼期個體叫作稚蟲。

・前變態：與半行變態類似，稚蟲末期的形態極似成蟲，稱亞成蟲。無蛹期。

②完全變態：生活環中具有標準的卵、幼蟲、蛹、成蟲4期，如蝶、蛾、金龜子等。

## 各態期的奧妙

**1.胚胎時期（卵期）**

當兩性昆蟲交配，雄性的精子移入雌蟲受精囊，再順利與卵結合，形成受精卵後，多數昆蟲即將卵產於幼蟲食物上。被產下的卵經相當時日可發育成胚胎。

昆蟲的卵以球形、卵形、橢圓形較多，也有些具有長柄或其他不規則狀。產卵時有分粒散生，也有成堆形成卵塊。少部分卵在其外面被有膠質卵囊、毛狀物、粉狀物，以資保護。

卵由卵殼、卵黃膜、卵黃及核構成。受精以後的卵割，屬於局部分割，即受精卵的細胞分裂

點由1成2、2成4、4成8……，但並未真正形成隔膜，而只在表面出現深溝而已。細胞繼續分裂即先形成原胚層、胚帶，經過原腸期後，蟲體開始有體節，遂成小幼蟲。

## 2.生長時期（幼蟲期）

由卵孵化的幼小個體因形性與親代有不同程度的差異，分別被稱為若蟲、稚蟲或幼蟲，有時習慣上以幼蟲來概括所有種類的幼小個體。

這個時期的幼小個體，無性別、無生殖器，牠的唯一工作是設法躲避天敵，一心一意取食，並積極貯存養分於體內，使自己長得又肥又大，藉以將來轉變成成蟲時的需要。所以幼蟲的取食器官與消化系統特別發達，另一方面牠們的運動器官不甚發達，因此為了保護自己生命，常運用巧妙的方法，如呈可怕形狀、體內含毒，或擬態植物、具有臭角、躲入縫隙等。

多數幼蟲雖然看似柔軟，但必須脫皮才能繼續生長。每兩次脫皮之間的時間叫「齡期」，自卵孵化後至第一次脫皮期間叫第一齡期，最後一齡的幼蟲叫終齡幼

幼蟲用巧妙方法來保護自己，如刺蛾幼蟲體表密生毒刺。

蟲。每在脫皮之前常靜止不動一段時間，叫「眠」。

幼蟲的形態變化很大，如蒼蠅幼蟲（蛆）無腳，或如蝶蛾幼蟲有許多對腳等，生活環境與食物也各不相同。

## 3.休息時期（蛹期）

不完全變態的昆蟲並無蛹期。昆蟲的蛹根本不進食，通常是不運動，頂多能稍做腹部運動，因此看起來好像是死的。其實不然，這時體內正進行著體質的大革命，它們不斷地破壞幼蟲期很醜的身體結構，另一方面利用幼蟲期貯藏在體內的養分創造新穎、美麗的組織，使這新生的組織構成美麗的成蟲體軀。

蛹的形態萬千，有些躲入繭內，有些以絲懸吊他物，有些在

蛹的體內正進行著體質大革命。圖為大白斑蝶發亮的蛹。

土中、水中、生物體內,不一而足。等到體質改造完畢,即可羽化成為成蟲。

### 4.生殖時期(成蟲)

在蛹內已成熟的個體,用自己的力量破壞蛹殼,慢慢爬出蛹殼外遂成成蟲,叫作「羽化」。

剛羽化的成蟲,身體柔軟、肥短呈囊狀,色彩蒼白或很淡,翅膀潮溼。不久由肛門一下子排出許多黏液,即「蛹便」,是改造體質時被破壞的組織或養分用以產生能量後剩下的廢物,於是體型縮小更像成蟲的樣子。同時體內的血液流入翅膀的血管狀構造中,藉以推展翅膀。當翅膀像扇子被開展得夠大時,血液又流回

體腔中,這時翅膀內的血管狀管系中再也沒有液體,於是緊黏在

體液流入血管狀翅脈,將翅膀推展開來。

成蟲最大的使命是求偶與生殖。圖為交配中的無翅蝗蟲。

一起，形成翅脈。隨著翅膀所含的水分慢慢蒸散，翅膀就越來越乾並增加了強度。這時身體各部的色彩，也因水分蒸發而濃度增加，整個身體也結實了。經過幾次試動翅膀後，即飛向天空，開始牠們多采多姿的生活。

　　成蟲的最大使命是求偶與生殖，因此具有鮮明的色彩與靈敏的運動器官，有些還具引誘腺、發音器、發光器等構造，這些莫不是為了求偶方便。

　　成蟲期是昆蟲一生中的精華，牠的生活不再像幼蟲那麼保守，帶著美麗輕巧的身體，雙雙對對地過著富詩意而快樂的時光！可惜好景不常，通常雄蟲交配後不久即走向死亡，雌蟲於產卵後也香消玉殞。但是牠們已經度過快樂的日子，同時也完成傳宗接代的使命了。

## 特殊生殖方法

　　正常狀況下，多數昆蟲是兩性生殖，並屬卵生，但也有少數昆蟲例外。

### 1.胎生

　　如蚜蟲，不經交配受精，即以孤雌生殖法繁殖，雌蟲多以胎生的方法，直接將幼體產出體外。

### 2.孤雌生殖

如蜜蜂、竹節蟲等，可以不經交配受精，雌體內的卵不經減數分裂即可產卵並孵化成子代。

### 3.幼體生殖

如纓蠅等的幼蟲，不經交配，體內即可再由細胞轉變成幼小幼蟲若干，齧食母幼蟲的身體長大。

### 4.多胚生殖

極少數蠅、蜂，只產一粒卵在蝶蛾類幼蟲體上，而這一粒卵經卵割後的許多細胞各自分離並各形成一隻幼蟲，而形成多數幼蟲在寄主上的現象。

# 多采多姿的昆蟲形性

### 昆蟲住在哪裡

昆蟲種類繁多，適應力非常強，可以分布在地球表面陸地上的每一角落，因此在人類的生活環境中到處有昆蟲。然而深入我們居住的環境內、緊跟著人類繁衍的昆蟲，多半是令人討厭的蚊、蠅、蟑螂、螞蟻等。雖然這些昆蟲也有獨特生態，是中、小學生觀察研究的好題材，但總是引不起初學者的興趣。我們希望看到的是美麗的蝴蝶、可愛的瓢蟲、威武的獨角仙等。

越大越美麗的昆蟲，都棲息在離城市較遠的深山幽谷中。雖然如此，住家附近的菜園、公園、小山丘也住著不那麼大、不那麼美麗卻具備很有趣的生活習性，而值得我們去觀察、欣賞的小昆蟲。

原始林樹冠高矮不一，其內棲息著豐富的昆蟲。

野生林林相也頗複雜，但樹冠較原始林整齊。

　　所有的昆蟲，分別就自己形態、生理所需，選擇不同的生態環境棲息。

### 1.原始林

　　由種類繁多的植物組成，因此遠看森林外觀頗為複雜，尤其每棵樹木樹冠構成的森林頂部，高矮起伏。森林裡到處可以找到樹齡超過百年的老樹，樹下堆積了很厚的落葉層。在原始森林，一定有豐富的動物棲息其中，尤其有很多各式各樣昆蟲，包括美醜、大小、奇形怪狀的種類，真是無奇不有。然而在台灣，已很難找到大片原始森林，這些多半已被畫入國家公園內；交通較方便，人們較容易到達的是陽明山國家公園及墾丁國家公園。在原始林區域內，各種昆蟲密集處，並不是暗無天日的密林內部，而是森林邊緣、林中空曠地、溪流邊等。這些地方有充分的陽光普照到地面，還有灌木、草花等，吸引昆蟲來此活動。

### 2.野生林

　　原始林經過人類砍伐後，沒有進行造林，就此廢置。於是野生植物逐年增加，通常經過了50年左右仍可重新形成森林，稱之野生林。構成野生林的植物種類，顯然無法和原始林相比，但為數不少，林相也很複雜，樹冠

樹冠整齊、單一樹種的人造林，昆蟲很少。

不很整齊。野生林也擁有不少動物、昆蟲。

### 3.人造林

經人開墾、造林形成的森林，特徵是由單一樹種構成。每一棵林木整齊地栽植，因此由樹冠構成的森林頂部單調地呈現平面。除了人們栽植的樹木外，也會自生其他較小植物，但種類甚少，生活在其中的動物、昆蟲都比想像中少。例如阿里山，到處都是綠油油的森林，但全區幾乎徹底被墾成人造林，因此昆蟲相當缺乏。

### 4.混合林

上述3種森林混合在一起，就叫混合林。常常可以看到的是一個山區的原始林木都被砍伐了，但是在溪流兩岸的懸崖無法進行砍樹作業，就把原始林木留下來。山坡地進行造林，但有些地方因地形或其他因素棄置不管，於是在人造林內形成野生林。在混合林中，靠近野生林、原始林邊常有豐富的昆蟲。

### 5.市郊、鄉村

大規模的專業農耕地，如蔗園、水田、花圃、菜園、檳榔園等地區，植物相不但很單純，而且定期使用農藥，可以說是昆蟲沙漠，幾乎找不到昆蟲。然而在大城市的郊外、鄉下農村接鄰農耕地的邊緣、非專業性的小規模菜園及其附近則有不少有趣的小型昆蟲，如瓢蟲、金龜子、蝗蟲、螳螂、白粉蝶等。這些昆蟲的共同點是不太大、不很美，但仔細觀察能夠發現奇妙、生動的生態。

### 6.公園、校園的角落

公園的形態、規模、管理相差很大，如台北市中正紀念堂的公園，經常整理得太乾淨，不留給昆蟲任何生活空間，是標準的昆蟲沙漠。又如陽明山後山公園範圍龐大，遊客常去的中央區管理得很徹底，也難得看見昆蟲。但遊客較少活動的公園邊緣，沒有人工栽植的花草，盡是野生植物，則有不少昆蟲。規模較小的社區小公園、學校園地通常也會被整理得乾乾淨淨，昆蟲很難生存。但是如果有些角落，就算面積不大，保住野生花草叢生，而且不是單調的單子葉禾本科雜

混合林的邊緣，有草叢處是唯一昆蟲多的地方。

草，那也會有小型、但有趣的昆蟲繁衍其間，供人欣賞。

### 7.各種水域

湖泊、溪流等水域及其附近，有豐富的水生昆蟲活動。當然，像台北淡水河、高雄愛河等徹底被人類汙染的水域是昆蟲沙漠。各種水域中，昆蟲最多的是流經大森林的山中小溪流。此外，小池塘中有水生植物，總會有或多或少水生昆蟲。而檢視各處水生昆蟲，很容易察覺因水質好壞，而住有不同類別的昆蟲，換言之，水生昆蟲可視為水域水質的指標。

### 8.野外路燈

除了蝴蝶、蜻蜓、蜂、虻經常展開翅膀在空中飛翔之外，多數昆蟲在白天都躲在陰蔽的地方，不容易看到，等到夜晚才開始活躍。其中有不少種類有趨光性，因此在野外尤其山區森林附近的路燈、旅館的燈火會聚集飛蛾、甲蟲、草蛉等昆蟲，同時也有想吃這些昆蟲的螳螂、蛤蟆也聚了過來。不過若全區有整排的路燈，或山中部落到處有燈火的場所，集蟲效果反倒不佳，最好選擇附近較少其他光源的單獨路燈。

山中小溪流有許多水生及非水生昆蟲活動。

## 昆蟲吃什麼？

昆蟲種類萬千，因此只要是有機物質，任何東西都可能是某些昆蟲的食物。然而有些昆蟲並不是什麼都能吃，甚至只吃一種東西或若干近似的食物，稱之「狹食性」。極端的例子是，蠶只吃桑葉、鳳蝶類只吃屬於芸香科的植物。相反地，可以吃很多種食物的叫「廣食性」，最明顯的例子是螞蟻，凡是有機物，牠們幾乎照單全收。

### 1.樹葉

吃食葉的昆蟲種類很多，如金花蟲、竹節蟲、搖籃蟲、葉蜂幼蟲、蝶蛾幼蟲等。

### 2.花

蝶、蛾、蜂、花金龜等都喜歡吸食花蜜；也有吃花粉、花瓣、花蕾的昆蟲。

### 3.果實

台灣大蝗吃草葉。

各種植物的果實會引來果蠅、椿象進食。成熟後落地、尤其已發酵的果實有更多昆蟲爭吃，甚至讓蛺蝶聞香而來。

### 4.樹液

闊葉大樹的樹幹，常會從細小裂縫滲透出黏黏的樹液，是住在森林的不少昆蟲如大型的獨角仙、鍬形蟲、虎頭蜂及美麗的蛺蝶類等最喜愛的食物。

### 5.草叢

由禾本科雜草構成的草叢是蝗蟲、蟋蟀的棲息場所，牠們有的吃草葉，有的是吃草根。

蝴蝶喜食花蜜，而冇骨消花叢往往吸引高山蝶聚集。

埔里食蟲虻正在捕食弱小昆蟲。

### 6.植物根

螻蛄在土裡專吃草本植物根，蟬的幼蟲則吸食大樹地底根的液汁。

### 7.落葉或堆肥

在野外森林下有厚厚的落葉堆，而且溼度很高時，會成為金

樹液是鍬形蟲的食物。

龜子幼蟲、步行蟲以及蜈蚣的食物。

### 8.土壤內

隨著土層中或多或少的有機物，就會有相對數量的昆蟲。有機物多得可稱為腐植土時，即可孕育很多種昆蟲，如剪刀蟲、獨角仙幼蟲等。

### 9.樹幹

活著或剛被砍伐的新鮮樹幹內，常有天牛、獨角仙、叩頭蟲等大型甲蟲在進食。

### 10.動植物排泄物及屍體

部分粉蝶、鳳蝶喜吸動物尿水，部分蛺蝶、糞金龜等喜吃糞便，閻魔蟲專吃動物屍體。

閻魔蟲專吃動物屍體。

### 11.清水

一到炎熱的夏天，溪邊溼地或由山壁滲出清水處，常有蝴蝶聚集吸水。事實上，多數昆蟲需要水分。

### 12.水中有機物

水域中尤其有豐富的水草處，除了一些昆蟲直接吃水草外，有更多昆蟲吃水中漂浮的微小原生動物、浮游植物或已分解的有機物，如松藻蟲等。

### 13.小動物

肉食性昆蟲如狩獵蜂、牛虻、螳螂等捕食弱小的昆蟲、蜘蛛及其他小動物。肉食性昆蟲多半是廣食性，不一定要吃某一種小動物，可以說是「來者不拒」。

### 14.雜食性

如虎頭蜂，可以吸食花蜜，也可以捕捉蝶蛾幼蟲甚至蜜蜂當食物。

### 15.寄生性昆蟲

如寄生蜂，把卵產在蝴蝶幼蟲身上，由卵孵出的幼蟲吃蝴蝶幼蟲體內組織一起長大。蝴蝶幼蟲化蛹時，寄生蜂幼蟲也在其內化蛹，結果由蝴蝶蛹羽化出來的不是蝴蝶而是蜂。

### 16.不吃性

蜉蝣、天蠶蛾類的成蟲口器退化，不但不吃東西，也不喝水。

天蠶蛾類口器退化，不吃東西。圖為勾翅山蠶蛾。

## 如何和其他生物共處？

地球上的所有生物，包括人類和昆蟲，都不能遠離其他動植物而獨自生活，也就是說，任何生物都必須在生態系中和其他動物保持密不可分的關係。這種相互關係對某一昆蟲而言，有些有利，有些有害，因關係不同而異。

### 1.共生

一種昆蟲和其他昆蟲或生物間存有互利的關係時，叫作共生。例如植物的花提供花蜜給昆蟲吸食，昆蟲則替植物傳播花粉。蘭嶼特產珠光鳳蝶幼蟲吃港口馬兜鈴葉子，在冬天時把葉子都吃光了，春天來時，港口馬兜鈴才能長出更繁茂的新葉。如經人刻意保護，留下所有舊葉，到了春天，這些又大又黃的舊葉霸占了新芽萌發的空間，反倒妨礙整株植物生長。

### 2.寄生

屬於害蟲型的昆蟲寄居在其他動植物（寄主）身上覓食或生活，使寄主受傷害甚至死亡的叫寄生。如松毛蟲為害松樹林，常使松樹一棵接一棵死亡；蝨子、跳蚤寄生人畜吸血吃毛；寄生蜂、寄生蠅寄生在蝶蛾幼蟲體內吃身體等等。

### 3.無利害關係

人或其他任何一種動物，直接和昆蟲發生接觸，產生共生或寄生關係的昆蟲種類不會很多。對人體會產生直接侵害的只有蚊、蠅、蟑螂等衛生害蟲，如把範圍擴大到昆蟲和人的關係，那麼為害農作物或侵害家畜的昆蟲都是害蟲；能夠供蜜的蜜蜂、提供絹絲的蠶、傳播花粉的蝴蝶是益蟲。但對人類而言，生活在森林或深山的絕大多數昆蟲，不存在任何利害的關係。

### 4.昆蟲為生態系中的一員

昆蟲具有驚人的強烈繁殖力，以常見蝴蝶而言，一胎有數百粒卵，而且一個世代只有2～3個月，一對蝴蝶的後代，經過一年以後就會變成數千萬隻。然而事實上絕不可能如此，因為在生態系中有不少天敵，牠們不斷地尋找蝴蝶幼蟲吃，有效地壓制蝴蝶子孫無限制增加；另有巨大的捕食性天敵捕食這些小動物，於是在生態系中，所有的動植物間形成了吃和被吃的關係，叫作食物鏈。有了食物鏈，在生態系中

生活的動植物，每年保持一定的相對數量，稱為自然界中的生態平衡。億萬年來，地球表面一直保持著生態平衡，直到近代，人類過度繁榮、科學發達到極點後竟破壞生態系，打亂生態平衡，結果是：害蟲橫行、環境汙染，同時危害人類本身的生存。

## 巧奪天工的自衛術

在大自然中，昆蟲是弱小的動物，因此牠們各自發展出獨特的自衛方法來躲避天敵，減少傷害和死亡。

### 1.快速運動

蝴蝶、蜻蜓有大翅膀，可以快速飛行，以避天敵追捕。其中天蛾每小時飛行速度可以接近80公里，步行蟲、蟑螂飛得慢但能快速爬行。

### 2.具有攻擊性武器

螳螂前腳特化成鐮刀狀捕捉腳，鍬形蟲大顎發達形成了老虎鉗狀。此外天牛、虎甲蟲的大顎雖然不大卻尖銳堅硬，足以咬傷敵人。

藉快速飛行甩掉敵人的天蛾。

黃裳鳳蝶幼蟲體內有苦味,且長有奇怪肉角,用以警告天敵。

### 3.保衛性武器

　　蜂類有毒針使天敵不敢侵犯,刺蛾幼蟲身上長滿厲害的毒針,枯葉蛾幼蟲身上滿布毒毛。椿象有臭腺噴出臭液,使侵犯者退縮。有些昆蟲身體內含毒或苦味,使得天敵倒盡胃口。

### 4.保護色和擬態

　　不少昆蟲身上的顏色和自己所棲息的環境事物色彩相同,稱為保護色。如葉上的蝶蛾幼蟲通常呈綠色,停在樹幹或地面的蝗蟲則呈現褐色。已具保護色的昆

具有保護色的昆蟲:①大鳳蝶幼蟲、②螽斯、③背條露蟲、④草蟬,你找得到嗎?

同種螽斯，常住在綠葉上者呈綠色，住在地面上者呈褐色。

蟲，如果連形狀都和環境中的樹葉、樹枝酷似時，叫擬態，如枯葉蝶及竹節蟲；鳳蝶剛由卵孵出的小幼蟲即擬態小鳥糞便，以避捕食。

### 5.警戒色及擬態警戒色

具有攻擊能力的蜂，或身上有毒毛、臭氣的昆蟲，常常具有非常明顯的色彩或奇怪斑紋，叫作警戒色，用以警告天敵別貿然侵犯。另有一些昆蟲，本身不具厲害的武器或有毒，但其色彩、

藉擬態以自衛的竹節蟲、鳳蝶蛹、大紫蛺蝶幼蟲、黃星鳳蝶蛹（由①至④），騙過你了嗎？

尺蠖蛾幼蟲偽裝成毒蛇頭狀，嚇退天敵。　　纖弱的鹿子蛾偽裝成有毒針的蜂。

形狀模仿這些昆蟲形態，例如斑蝶類身體有異味，小鳥不想吃牠們，於是斑鳳蝶、雌紅蛺蝶就擬態斑蝶。身上有毒的紫斑蝶蛹，也呈現耀眼的金黃色。

### 6.威嚇

有些昆蟲長得奇形怪狀，讓天敵避之唯恐不及。如獨角仙威武的角、尺蠖蛾幼蟲偽裝成毒蛇頭部等。

刺蛾幼蟲以鮮豔顏色警告敵人勿近。

黃網紋尺蠖蛾身上斑紋古怪，使天敵找不到要害。　　琉球琉璃斑蛾被捉到時，立刻由胸部分泌一堆泡沫出來。

神奇的昆蟲萬花筒

我猜
我猜
我猜猜猜

擬態枯葉的昆蟲，到底躲在哪裡？睜大眼睛找找看哦！

謎底 在下頁某一角！

## 種族社會和家族組織

### 1.種族內個體間的關係

如果以人類的角度思索，屬於同一種的動物，照理應該團結合作對付其他種動物，共同繁榮種族，然而在強食弱肉、殘酷無比的大自然界中的實況並不全然如此。

溫和的草食性昆蟲，尤其有豐富到取不盡、吃不完的食物時，同一種昆蟲，甚至近似的不同種昆蟲，可以多數聚集在一起共同生活，稱為群棲性昆蟲，例如紋白蝶、蝗蟲、毛毛蟲等；其中有些有毒的小型毛毛蟲更喜歡密集在一起，看起來有點恐怖，天敵會自動避開。此外在越冬時，部分草食性昆蟲也會擠在一起保暖，如紫蝶幽谷密林中的斑蝶群、枯葉堆下的瓢蟲群等。

食物較少的草食性昆蟲，不但要和異族爭奪食物，同種個體間也會互不相讓。例如在闊葉樹木的樹幹滲出樹汁時，首先飛來的是具有敏感觸角、可靈活移動的琉璃蛺蝶，若有幾隻同種蝴蝶同時到達，便開始爭執不休。不久體翅較大的大紫蛺蝶飛來，立刻把較小的琉璃蛺蝶趕走，霸占食場。行動較遲鈍但還算溫和的金龜子一到，就不顧大紫蛺蝶存在，逕自鑽到最有利的位置吸液。大紫蛺蝶雖然大但軟弱無力，只好退居旁邊偷吸些樹液。等到其他金龜子也一起來湊熱鬧時，大紫蛺蝶沒得吃只好離去。最後昆蟲界霸王獨角仙出現，把金龜子擠出食場，如果其他獨角仙聞味而至，那可不只像蝴蝶、金龜子一樣擠來擠去而已，牠們利用雄偉犄角激烈爭鬥，進行一場摔角比賽，非把對方摔到樹下不可。

此外，即使是同一種草食性昆蟲，一旦食物極端缺少時也會互相殘殺。例如鳳蝶類幼蟲很溫

枯葉堆裡的瓢蟲
① 黃瓢蟲　② 大瓢蟲　③ 中華瓢蟲
④ 四條瓢蟲　⑤ 橙瓢蟲　⑥ 枯葉堆裡是昆蟲的越冬場所

用葉漿及唾液築巢的長腳蜂。

和，又有吃不盡的樹葉，因此常常可以和平共存。但當人類飼養牠們時，如果食葉缺少，大幼蟲還是會吃掉小幼蟲。

至於肉食性昆蟲，絕不可能多數同種個體生活在一起。牠們不但想盡辦法躲避比自己強壯的肉食性天敵，另一方面盡力捕食比自己弱小的其他種昆蟲，甚至不客氣地捕食比自己弱小的同種昆蟲。

龐大的昆蟲世界中唯一的共同點是，同種異性永遠會互相體諒，相親相愛，如此才能綿延種族命脈。

## 2.家族組織

絕大多數昆蟲沒有家族組織，也沒有家（窩巢），不過也有不少例外。有些為自己造巢，躲在其中生活，這個家，可能是小地洞、小草包、樹幹縫隙。有些母蟲也會為下一代造巢，甚至以自己有限的晚年餵食幼蟲一段時間，如此不但有家，也有了初步的家庭組織。而最進化的昆蟲不僅建構精緻的家，而且有嚴密的家庭組織，甚至形成階級顯明的社會組織，如白蟻、部分蜂類和螞蟻等。

# 打開昆蟲百科全書

你當然知道成語「螳螂捕蟬」的兩隻主角，

你也大聲唱過「火金姑來照路」的童謠。

或者你拿水灌過蟋蟀洞，

或者你讀過作家小野的《蛹之生》，

認識了父代母職的負子蟲；

但多采多姿的昆蟲種類還不只這些呢！

台灣的昆蟲世界，常見的有一萬多種，

一起來看看牠們的廬山真面目吧！

## 殺夫育子的母夜叉

# 螳螂

　　螳螂為不完全變態，有不少別號。在大陸有些省分，因其前胸特別細長就叫牠「長頸蟲」；又因牠們走路時以中後腳著地，昂首邁步，形狀如馬，所以也稱之「天馬」。英國人則注意到牠們常將前腳舉起合攏並靜止不動，樣子好像在祈禱，所以叫作「祈禱蟲」。在荷蘭鄉下看到祈禱狀，迷信牠們有預卜先知的能力，故謂之「預言家」。法國人卻把這種動作當成乞丐討食狀，叫作「乞

不知牠正在祈禱什麼？

丐蟲」。

　　螳螂的形態特殊，~~很難忽略~~。最大的特徵是有倒三角形的頭部及特化成鐮刀狀的前腳，叫作捕捉腳。分布很寬，凡是有昆

雄螳螂好不容易獲得芳心，在交配後不久卻馬上被雌螳螂吃掉。

# 殺夫育子的母夜叉

台灣‧昆蟲大探險

頭部呈倒三角形，具有咀嚼式口器及發達的鐮刀狀前腳。

螳螂目

螳螂的卵囊很大，具有保護卵粒的作用。

蟲棲息的地方，從森林、草原到鄉村、市郊，都可以看到牠們。屬純肉食性動物，喜歡停在葉片或花朵附近，靜待其他小昆蟲接近再迅速捕食。由於牠們吃的盡是農作物害蟲，如同昆蟲界的警察。

螳螂的戀愛，不像成熟人類或蝴蝶一樣詩情畫意。因為雌螳螂很凶，對待男朋友像極了潑婦，因此雄螳螂必須表現無限的愛心和耐心，小心翼翼地求愛，才能獲得芳心。但進行交配後不久，雌螳螂常會回頭吃掉雄螳螂的頭，奇怪的是，沒有頭的雄螳螂既不會立刻死亡，還會擺動身體繼續交配，樣子滿恐怖的。交配完後母螳螂竟然把雄螳螂的身體當食物吃，為什麼會這樣子呢？因為螳螂不只飛得慢，也走得慢，只能靠保護色隱藏自己，等待獵物接近。通常幾天才有機會捉到一隻小蟲子，平常就在吃不飽、餓不死的邊緣掙扎，懷妊

# 殺夫育子的母夜叉

後需要大量動物性蛋白質補充營養，只好犧牲自己的丈夫身體當食物。

母螳螂攀在樹枝上產下滿腹卵粒，卵粒外方覆有一層海綿狀膠質，膠質硬化後便形成具保護作用的卵囊，每一卵囊內有50～400粒卵。孵化時，若蟲一隻接著一隻鑽出卵囊，有時是成串的，蔚為奇觀。然而牠們的父母都很難吃飽，這麼多若蟲怎麼活呢？只得自相殘殺，常把同胞兄弟姊妹當食物。最後能夠成功地變成成蟲的寥寥無幾。

孵化時，幾百隻像小蝦米的螳螂寶寶同時爬出卵囊。
（佐佐木崑◎攝）

根據《本草綱目》記載，螳螂的螵蛸（即卵囊）如以火烤服用，可補虛治遺，固腎益精，治夜尿症。成蟲體烘乾磨粉服用，可治小兒驚風，另外可塗在外傷上治傷。螳螂糞粒可治小兒夜哭。

頭部呈倒三角形，具有咀嚼式口器及發達的鎌刀狀前腳。

螳螂目

# 會走路的樹枝

台灣
昆蟲
大探險

竹節蟲停棲時，你知道牠的頭在哪裡嗎？

我猜
我猜
我猜猜猜

① ② ③ ④ ⑤ ⑥

謎底 在下頁某一角！

## 竹節蟲

或稱竹節蟲目。翅膀多已退化，是一群善於擬態的高手。

一根會走路的樹枝？這是竹節蟲最愛表現的魔術，因為竹節蟲的顏色、形狀像極了植物枝條。台灣最大型竹節蟲在蘭嶼，腳伸長達20公分；世界最大種在東南亞，腳長可超過40公分，因此人們稱之「山妖」；西洋人則稱牠為「會走路的手杖」。

竹節蟲生活在樹林裡、林邊的草本植物上，屬於夜行性昆蟲，白天靜靜地停在植物枝條上，如果觀察力不夠，很難發現牠。因為牠停棲時，一對觸角和

左起：翅竹節蟲、大頭竹節蟲、矮竹節蟲（上）、蘭嶼巨竹節蟲、竹節蟲、角竹節蟲。

# 會走路的樹枝

竹節蟲動了，終於現出頭部所在。這樣你猜出上頁的謎底了嗎？

竹節蟲的頭部在 ⓒ 的位置。

一對前腳合併成一條線，藉以隱藏頭部，躲避天敵。如果觸角或腹部受到攻擊，那也不構成致命傷害，因為牠的再生能力很強。

　　常見的竹節蟲沒有翅膀，但是也有長翅膀的。最特別、稀少而被指定為保育類的是大頭竹節蟲，牠們只分布在鵝鑾鼻半島東側林投樹叢，吃嫩葉生長。

　　竹節蟲為不完全變態，有趣的是，有些種類如大頭竹節蟲，牠們的族群全由雌蟲構成，根本沒有雄蟲，雌蟲不必交配，即可產卵傳宗接代。

竹節蟲的三角戀愛：最右側停了一隻雌蟲，吸引中間的雄蟲前來交配，最左側的雄蟲晚來一步，只能裝模作樣進行「假交配」。仔細看圖，左側雄蟲頭部很明顯，向前伸出一對觸角及前腳，右側雌蟲的前腳已併成一條線，觸角微微分離，頭部位置還可分辨。中間雄蟲的一對前腳及一對觸角完全合併成一條線。

或稱竹節蟲目。翅膀多已退化，是一群善於擬態的高手。

蟷　目

# 活躍的演奏家

## 蟋蟀

自古以來即和人類有特殊的密切關係。牠們生活在草叢，不時會演奏賞心悅耳的音樂，因此經常成為詩人、畫家的題材，也常被養在籠中當寵物。

蟋蟀聽器位於前腳脛節，奇特吧！雄蟲右前翅有堅硬的齒狀凸起，相當於樂器中的彈器，左前翅的摩擦片，即為弦器。準備發聲時，豎起翅膀做有規律的振動，以彈器摩擦弦器。牠們發聲的目的有4項，而隨著目的不同，音調也大不相同：

1.求偶：溫柔婉轉，好似唱情歌。

2.示威、守域：大聲虛張聲勢，防止其他蟲子靠近。

3.呼朋引伴：有一隻開始鳴叫，引發其他蟋蟀共鳴，奏出悠揚樂聲。

4.爭奪、打鬥：為了爭取食物、伴侶，或要擊退入侵領域者時，發出急躁、尖銳的聲音。

台灣產最大型的是台灣大蟋

蟋蟀若蟲。

黃斑蟋蟀。

蟀，目前牠們只生活在菜園及其附近，但30年前，大城市內的公園、校園裡到處可見。只要在地面上撥開小小隆起的土堆，就可以發現蟋蟀洞，拿一桶水灌進去，裡面的蟋蟀就會被逼出來，

目名直譯自希臘文。前翅略呈革質，後翅膜質，不飛時收在前翅下方。

直翅目

抓到後抽掉內臟烤來吃。
現在，除非住在鄉
下，這些遊戲已
經絕跡了。但
是在南部卻
有商人大量
飼養台灣大
蟋蟀，批給
土雞城或餐
廳。廚師抽出
內臟，再塞一根
地瓜條到肚子裡，經
過油炸就變成了台南有特
色的香酥炸蟋蟀，味道有點像
蝦仁。

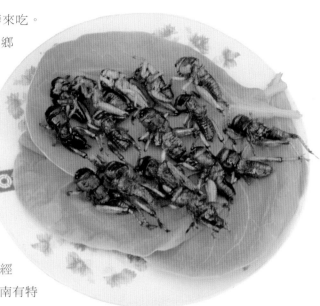

台南名菜──香酥炸蟋蟀。

另一種較小型、翅膀基部
有黃色斑紋的黑蟋蟀，便成為
小孩子鬥蟋蟀的選手。選擇強
壯的兩隻雄蟲，放在較淺的容
器內，一旦兩雄往前走碰頭
後，就會開始鬥得你死我活，
直到一方俯首稱臣為止。台南
縣新化鎮豐榮社區今（1998）
年已舉行第14屆鬥蟋蟀大賽，
每每吸引鄰近高雄地區有興趣
的民眾也前來參加。

兩隻雄黑蟋蟀相遇，可說是「仇人相見，分外眼
紅」哦！

目名直譯自希臘文。前翅略呈革質，後翅膜質，不飛時收在前翅下方。

直翅目

# 活躍的演奏家

## 螽斯

　　台北故宮博物院珍藏、聞名海內外的玉器雕刻——翠玉白菜上停著的昆蟲就是螽斯。螽斯又名紡織娘，和蟋蟀一樣同屬直翅目，也會奏出美妙的樂曲。牠們常在傍晚時躲在樹叢間散發柔和悠揚的樂聲，增添黃昏的自然界羅曼蒂克的氣氛。

　　牠們身體修長優雅，前翅基部腹面有齒狀凸起，擔任發聲時的弦器，而翅臀部分外側則有硬化凸起，作為彈器。鳴叫時提舉前翅，以一翅之弦器和另一翅彈器左右摩擦發生聲音，並振動翅膀膜質震區擴大音樂，並調整音質，於是產生有節律的悅耳聲音，亦即摩翅而歌，像人們拉小提琴般。螽斯聽器和蟋蟀一樣，位在前腳脛節。

## 蝗蟲

　　光復以前，蝗蟲是人類大害蟲，大陸更經常有蝗災。遷移性蝗蟲大發生時，以百萬千萬計的蝗蟲席捲大地，造成

修長優雅的螽斯，上起為大葉螽斯、綠背螽斯、尖頭螽斯。

活躍的演奏家 ➤

台灣產蝗蟲中以台灣大蝗體型最大，雄蟲（上）較雌蟲小。右圖為台灣大蝗若蟲。

「飛蝗蔽天日無色」的駭人奇觀。當大批蝗蟲飛襲後，所經過處的大小植物，不留片葉，頓成荒地，饑荒及疫疾亦隨之紛至，使農民叫苦連天而毫無因應之道。台灣的蝗災雖然沒有那麼嚴重，但是在光復前仍有幾次紀錄，當時的蝗蟲是由菲律賓飛越海洋而來。光復以後，稻蝗仍然被農政單位視為水稻五大害蟲之一。隨著台灣經濟起飛，農藥超限使用，稻蝗不僅由水稻五大害蟲除名，今天，想要找幾隻蝗蟲作為中、小學生教材還真不容易。目前只在非洲落後地區偶爾還有蝗災。

蝗蟲生活在森林邊緣的灌木帶或草原區、田園。牠們也能發聲，但不像蟋蟀、螽斯一樣有節奏感，音調極為單純。牠們的後腳腿節有一列乳頭狀凸起，擔任彈器，和前翅基部的粗硬翅脈發生摩擦，振動翅膜震區發音，和螽斯兩翅相擊不同，蝗蟲是翅腳相摩。

目名直譯自希臘文。前翅略呈革質，後翅膜質，不飛時收在前翅下方。

直翅目

尖頭蝗全身呈深綠色，善於跳躍。

# 活躍的演奏家

台灣 昆蟲 大探險

斑蝗（左圖）與灰斑蝗（右圖）若停在枯枝上很不容易看到。

俗稱的蚱蜢就是蝗蟲，牠們後腳腿節特別發達，善於跳躍。聽器長在腹部基部（第1節）兩側。

許多國家把蝗蟲當作食物，通常是油炸或燒烤，味道類似蝦子，尤其是卵巢部分。

## 螻蛄

在30年前，一到水稻定植期，常有成群的螻蛄在田埂土壤裡亂鑽，使土質鬆軟，把引進水田的水漏流，造成災害，因此農民叫牠們「土猴」。螻蛄住在農耕地的地層中，以強有力的掘挖腳在土層鑽隧道，尋找蔬菜、豆類、麥類等任何農作物的根部嚼食，是標準的農作物大害蟲，然

而使用農藥防治後，數量與日遞減。

螻蛄也會發聲，但音調單純許多。若聽到鳴叫聲，卻找不到蟋蟀或螽斯，好像由土層發出的聲音，就是螻蛄的鳴叫聲。鄉下人常說蚯蚓會鳴叫，其實是螻蛄的聲音。螻蛄會在夜晚爬出地面活動，有趨光性，因此在野外路燈下常常可以看到。

在中醫上，螻蛄除去翅腳後

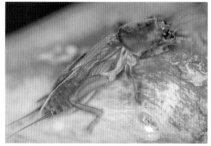

螻蛄能飛、能爬、能鑽洞，堪稱三項全能高手。

目名直譯自希臘文。前翅略呈革質，後翅膜質，不飛時收在前翅下方。 直翅目

活躍的演奏家

以水燉煮或乾炒，可作為治療惡瘡及消除炎腫之外用藥。在中藥店也出售陰乾後研成粉末的藥劑。

## 直翅目昆蟲分類上之異同

| 共同特徵 / 差異 | ·前翅革翅，後翅為大扇狀膜質，不用時摺疊收藏在前翅下<br>·口器為咀嚼式<br>·後腳為跳躍式<br>·不完全變態 | | | |
|---|---|---|---|---|
| 構造 ＼ 昆蟲 | 蟋 蟀 | 螽 斯 | 蝗 蟲 | 螻 蛄 |
| 觸 角 | 絲狀，長 | 絲狀，非常長 | 鞭狀，很短 | 絲狀，短 |
| 腳 | 前、中腳為步行式，後腳為跳躍式 | | | 前腳掘挖式 |
| 產 卵 管 | 尖銳錐狀 | 長劍狀，鐮刀狀 | 短鉤狀 | 退化 |
| 聽 器 | 在前腳脛節 | | 在腹部兩側 | 在前腳脛節（同螽斯） |
| 發 音 器 | 前翅彈器與弦器摩擦 | | 前翅基部和後腳摩擦 | 左右翅摩擦 |
| 體 型 | 橫扁形 | 立狹扁形 | 粗扁形 | 扁圓筒狀 |

# 空中巡邏隊

鼎脈蜻蜓腹部被白斑分成了3段，翅無色透明。

殺蟲不眨眼的水蠆。

## 蜻蜓

　　台灣一年四季都可以看到，春夏時聚集在山區，入秋以後轉往平地。蜻蜓也曾是小朋友遊戲的主角，可以在竹竿尖端塗上黏膠，等牠們飛累了停在竹竿上，就輕鬆捉到了；或者用手先捉雌蜓，用繩子綁在尾巴上，讓牠繼續在蜻蜓群中飛翔，不久就能吸引雄蜓飛來黏住雌蜓。

　　蜻蜓在空中來回飛翔，捕捉蚊、蠅等小昆蟲，但是牠們的稚蟲卻生活在水中，俗稱「水蠆」，閩南人叫牠「水乞丐」。水蠆很凶，像強盜，捕食水中小動物，從水生昆蟲、小蝌蚪、小魚，無所不吃，成熟後沿著水草爬出，停在草莖或岸壁上羽化成蜓。

　　蜻蜓的交配是自然界獨一無二的生物奇觀。在求偶前，雄蜓彎起腹部把精液貯存在腹部基部的貯精囊中，雌雄蜻蜓經過求愛飛行後，進入訂婚階段，雄蜓以尾部尖端抓住雌蜓頭部，兩隻連成一條線繼續飛行。交配時雌蜓彎曲自己腹部，將生殖器（位於第9節）對準雄蜓貯精囊（位於腹部第2節），因而兩隻連成不規則圓圈狀（蜻蛉目昆蟲多以此方式交配）。精液授受完畢後，有些種類蜻蜓仍然兩隻連在一起進行「蜻蜓點水」，將卵產在水中；有些種類則由雌蜓單獨進行點水產卵，此時雄蜓通常在附近當保

空中巡邏隊 ▶

綠胸宴蜓正在產卵，一次一粒連續地慢慢產入水域泥土中。

鑣。

　　台灣產蜻蜓中最大型的叫無霸勾蜓，身長可超過12公分。分布在台灣各處深山，經常沿著山路在同一條路線上來回巡飛。與其正面相遇時，會看到牠發出綠光的大複眼。雖然常見，但已被指定為保育類昆蟲。

兩對膜質翅膀細長而透明。為勇猛的肉食性昆蟲。

無霸勾蜓胸、腹部具黃黑色相間斑紋，右圖是羽化後不久正在休息。

蜻蛉目

# 空中巡邏隊

豆娘的頭部，複眼在兩側。

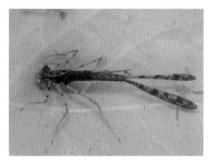

豆娘的稚蟲較水蠆細長，不同的是腹末有3片尾鰓。

## 豆娘

　　豆娘比蜻蜓顯得纖細而弱不禁風，即便如此，仍屬肉食性，尋覓比牠更小更弱的小昆蟲如蚊子、果蠅當食物。成蟲不像蜻蜓一樣有強大的飛翔力，通常在附近有水草的草叢裡活動；稚蟲也生活在水中，不過體型比水蠆纖細得多。

　　豆娘亞目中，最大型為河蜓科（或稱「蟌」），最小型為豆娘科。

中華珈蟌的翅膀上有一道白色色帶。

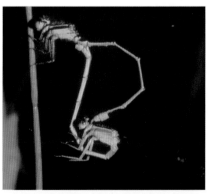

黃豆娘雄蟲以尾部尖端抓住雌蟲頭部求愛。

正在交配的藍胸豆娘，兩隻連成不規則圓圈狀。（王健德◎攝）

空中巡邏隊

### 蜻蛉目昆蟲分類上之異同

| 共同特徵 | ・體型細長　・頭大　・咀嚼式口器　・肉食性<br>・複眼大，單眼3隻　・不完全變態　・稚蟲水生 | |
|---|---|---|
| 亞目 | 蜻　　蜓 | 豆　　娘 |
| 頭　　部 | 左右複眼接連<br> 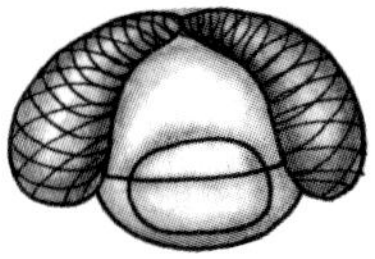 | 左右複眼在頭部兩側<br> 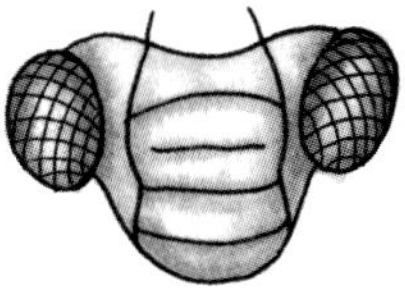 |
| 翅　　膀 | 前後翅的形狀、翅脈不相似<br>後翅基部較寬大<br> 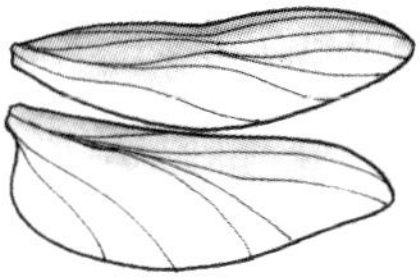 | 前後翅形狀、大小、翅脈相似<br> 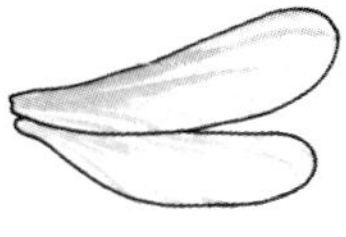 |
| 停　　姿 | 左右翅膀平放兩側 | 左右翅膀合併在背部上側 |
| 稚　　蟲 |  | 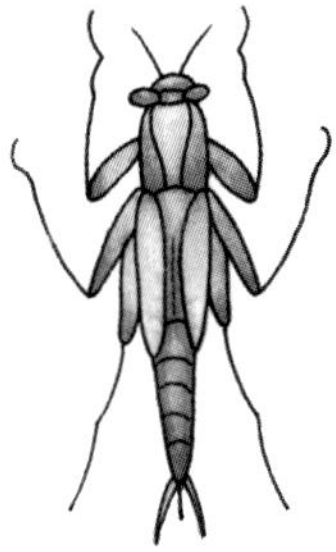 |

兩對膜質翅膀細長而透明。為勇猛的肉食性昆蟲。

蜻蛉目

# 愛漂亮的臭小子

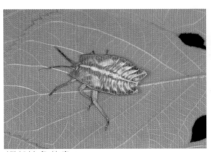

蝦殼椿象若蟲。

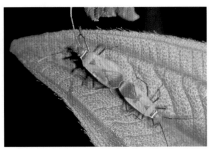

交配中的姬星椿象，身體成一直線。屬星椿象科。

## 椿象

在樹林、果園或蔬菜園中經常會找到形狀怪異但顏色繽紛的昆蟲，由於牠們的動作不敏捷，隨手就可以捉住。想仔細觀看花紋時，會突然聞到一股異臭，手指上已沾上一絲黃色液體，即便丟掉，臭味卻難散去。一般人稱牠臭蟲或放屁蟲，正式的中文名為椿象。椿象種類非常多，形狀、色彩、斑紋變化非常大。

椿象之所以會臭，並不是牠們放屁，而是由特殊臭腺散發臭味。通常若蟲時期的臭腺是開口在腹部背側，成蟲則變成後胸側面。平常牠們把體內代謝作用產生的揮發性臭液貯存在臭腺內，一旦受到攻擊就從開口噴出臭液，嚇退敵人。

椿象不但很臭，還多半是農作物害蟲，但是牠們有特殊的習性，是觀察生態、探討奇特習性的好材料。

### 1.星椿象類

是最常見的種類，身體修長，色彩艷麗。其中赤星椿象的外觀宛如貴婦人，其實牠們是吸食棉花、黃麻等農作物葉汁的害蟲。

### 2.盲椿象類

這類椿象體型在1公分以下，較不為人注意。前翅上有厚硬隆起的革質部，很像衣服內裡的墊肩。

### 3.盾背椿象類

前翅前半部為革質，後半部為膜質，故謂之半翅。有刺吸式口器。

半翅目

## 愛漂亮的臭小子

盾背椿象的兩片前翅黏合，無法飛翔。左圖起：金椿象、黑星盾背椿象、黃盾背椿象。

這類身子肥短的椿象看起來很像美麗的甲蟲，然而甲蟲覆蓋在身體上的是兩片翅鞘化的前翅，飛行時可以打開來；盾背椿象覆蓋身上的是兩片翅膀已經黏合在一起不能打開、只能護身。牠們住在山中森林。雌蟲產卵後一直會守著卵粒，有些還等若蟲羽化、長到能散發臭味後才離開。

### 4.刺椿象類

這類椿象身體狹長，最大的特徵是頭狹長，腹部寬扁，身上有大小不同的刺，雖然會臭但沒有毒，但是看起有些可怕。牠們經常出沒於草叢或花間，以靜制動，以刺吸式口器刺入獵物，先分泌唾液將其痲痹，再徐徐吸食。軀體通常呈褐色或黑色。

盾背椿象雌蟲具有母愛，盡責地守護著卵粒。

前翅前半部為革質，後半部為膜質，故謂之半翅。有刺吸式口器。

打開昆蟲百科全書

半翅目

# 神出鬼沒的水中昆蟲

## 蠍椿象

　　狀似毒蠍的蠍椿象常常現身水面後，又很快躲進水生植物下方或鑽入水底淤泥，半埋著身體，等候獵物靠近。由於身體和淤泥同一顏色，因而不容易發現。牠們腹部末端有很長的呼吸管，但由於水中氧氣不足，每過一段時間必須浮出水面。

　　牠們的前腳是鐮刀狀捕捉腳，捉住其他水生昆蟲或小魚後，將刺吸式口器刺入獵物體內，注入含有麻醉劑的唾液，等獵物痳痹不動後再慢慢吸食體液。這一類昆蟲一生生活在水中，常見的是體翅較寬大的紅娘華及身材修長的水螳螂。

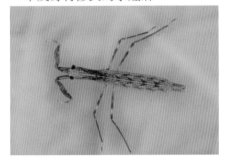

水螳螂的外型和螳螂相似。

紅娘華腹部有細長的呼吸管。

前翅前半部為革質，後半部為膜質，故謂之半翅。有刺吸式口器。**半翅目**

## 田鱉

為半翅目昆蟲中體翅最大的，身長超過7～8公分，堪稱水中的巨無霸。牠們在水中以特化成鐮刀狀的捕捉腳捕食其他昆蟲、蝌蚪、小魚，有時還會襲擊比自己更大的青蛙。目前只在偏遠山區的池塘偶爾可見。具有趨光性。

田鱉在台灣是面臨絕種危機的昆蟲，但在東南亞水田中仍然很多。泰國皇宮前的周末夜市，有很多田鱉當點心出售。吃法是：先用手指擠壓蟲體吸汁，再整隻吃進肚子。筆者也曾買了一隻試試，味道勉強可以，但有土人體臭味，最後還是不敢吞下去。

田鱉是半翅目昆蟲中的一員，但自成一科。

父代母職是負子蟲的最大特性。

## 負子蟲

負子蟲也算田鱉的親族，只是體型小很多，最大的還不及2公分。負子蟲現在仍然到處可見，牠們住在平地到山區的任何水草茂密的池塘、沼澤、溝渠。那些水域的水不一定清澈，只要沒有工廠排放的化學物質汙染，甚至像水溝一樣已有臭味的池塘，一樣可以住。

雌雄負子蟲戀愛、交配以後，母蟲就把卵粒一粒一粒密密麻麻地產在雄蟲的背上翅膀。背負著卵群的雄蟲翅膀被黏得緊緊地，再也不能打開，當然也不能飛了。於是雄蟲負著卵粒在水中

# 神出鬼沒的水中昆蟲

到處游泳,避免天敵偷吃卵粒。這種父代母職的有趣生態,可以坐在水域邊觀察,但是蟲體浮近水面顯身的機會不多,而且也不容易察看。其他同類的田鱉也有由雄蟲照顧卵群的特性。

## 水黽

武俠小說中,據說精練輕功者可在水面上快速行走,昆蟲界中有這種特異功能的就是水黽。牠們不像鵝、鴨浮游水中時,身體下側在水平面下,而是以細長的腳尖放在水表面支撐身體。和腳尖直接碰觸的水面看似比其他地方凹了一些,實則根本沒有沾上任何水,以此快速地來去自如,並靠特化成捕捉式的前腳獵捕水面上的小蟲。牠們怎麼會有這種神乎其技的輕功呢?水黽的體重本來就很輕,而且細細的腳尖下側有微細的油質毛密集成小小的毛氈,水滴根本沾不到邊。

水黽棲息在各種靜水域中,

前翅前半部為革質,後半部為膜質,故謂之半翅。有刺吸式口器。

半翅目

具有「水上飄」功夫的水黽。

# 神出鬼沒的水中昆蟲

湖泊、池塘、溪流、公園或校園內的水池,甚至路邊的水窪。牠們通常會群棲,能夠靠腳上的感覺毛察覺落水掙扎的小蟲方向、大小,並迅速滑水過去攫捕。雌蟲產卵於水草,幼蟲在水中生活。

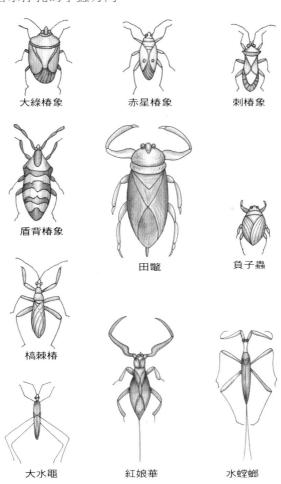

大綠椿象　　　　赤星椿象　　　　刺椿象

盾背椿象

田鱉　　　　負子蟲

犵棘椿

大水黽　　　　紅娘華　　　　水螳螂

半翅目昆蟲主要類別的標準形態。

# 燃燒生命的歌手

蟬剛羽化時，色彩還很黯淡。

蟬的若蟲期很長。

成蟬生命短暫，於是用力歌唱。

## 蟬

　　當驪歌在校園響起時，窗外悠揚的蟬鳴，更加添同窗離情依依。跨進炎熱的盛夏，紛擾的鳴叫聲音，更將夏天昆蟲世界的繁華氣氛帶到高潮。

　　並不是所有的蟬都可以當歌手，而且也只有雄蟬會鳴叫。雄蟬腹部有1對鳴器，外側是有保護作用的音箱蓋，內有褶膜、鏡膜，側面有鼓膜。當腹部內的發音肌強烈收縮放鬆時，能使鼓膜

# 燃燒生命的歌手 ➤

產生凹凸波動，振動空氣轉成聲波，並立刻引起褶膜、鏡膜的共鳴，擴大聲音；此時，音箱蓋也做不同形式活動，於是產生有節奏感、抑揚頓挫的聲音，向外傳送。現代詩人余光中曾寫道：「是誰，一來又一往，拉他熱鬧的金鋸子，鋸齒鋸齒又鋸齒。」將蟬聲化成生動可愛的文字。

　　成蟬交配後，雌蟬產卵於樹皮裂縫中。經過1個月左右，由卵孵出的若蟲沿樹幹爬下樹，鑽入土層中，吸食樹根液汁生長。若蟲期甚

長，最短的也有1年，長者可達10多年。成熟的若蟲在夏天太陽升空前由土層爬出來，到樹幹上停棲，並脫皮羽化成為成蟲。成蟲留下幼蟲外殼，在林中活動，以刺吸式口器吸食樹液生活，生命只有短短的1至數周，因此牠們用力歌唱、追求愛情，為短暫夏季燃燒了整個生命。

　　蟬向來被人們視為一種神聖高潔的昆蟲，歷來文人都喜歡歌誦牠，以抒寫自己襟抱，其中初唐四傑之冠——駱賓王的詩句，至今餘韻未絕！

露重飛難進，風多響易沉。
無人信高潔，誰為表予心？

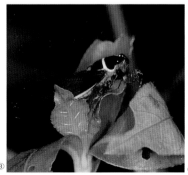

蟬是騷人墨客吟誦的對象：①衣蟬、②黑翅紅蟬、③鳴蜩、④黃領黑翅紅蟬。

翅膀質地均為膜質，結構均勻。具刺吸式口器。同翅目

身懷絕技的昆蟲

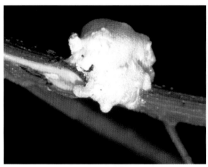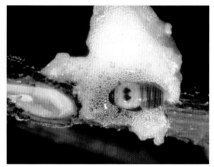

是誰灑了這一團泡沫？輕輕扳開一看，原來裡面住了一隻泡沫蟬若蟲。

## 泡沫蟬

　　你可曾在春夏季節看到灌木樹枝上或雜草上有一小堆泡沫？像家庭主婦灑了些洗衣肥皂粉泡。如果用葉片輕輕撥開泡沫，就可以看到一隻可愛的泡沫蟲。牠是泡沫蟬的若蟲，躲在由自己製造的泡沫中吸食植物體汁液。原來牠們的腹部有泡沫腺，開口在腹部後端側面，由此分泌出來的膠狀物質和由肛門排出來的液體混合後，扭動腹部不斷地混入空氣就產生潔白的泡沫，逐漸覆蓋身體，以此躲過殺身危機。

　　泡沫蟬不會鳴叫，成蟲體長頂多1公分左右。前翅革質化，後翅是膜質。色彩多半鮮艷，台灣常見的是黑底紅條的種類，善跳不善飛，在市郊山邊，如陽明山、內湖、天母等地就找得到，只是一般人不注意而已。如果發現了泡沫蟬若蟲，可以用小刀把附有泡沫的枝條切一段帶回家，插在花瓶中，就可以繼續觀察牠的變態生長過程。

黑底紅條的泡沫蟬在台灣較常見。（陳楊文◎攝）

翅膀質地均為膜質，結構均勻。具刺吸式口器。

**同翅目**

## 身懷絕技的昆蟲

### 白蠟蟲

長吻白蠟蟲又稱樗雞，頸部尖端往前凸出，凸出部分沒有器官，真正的頭部被擠到後側。天敵攻擊時常一口咬碎假頭部，不痛不癢，於是有充分的時間逃難。另一特徵是腹部會分泌白色粉末狀的蠟質，此乃白蠟蟲名稱的由來。

長吻白蠟蟲頸部尖端向前凸出，有矇騙作用。為稀少保育類昆蟲。

牠和蟬同屬同翅目昆蟲，但是完全不會鳴叫。生活在原始森林，要到太平山、谷關等地的林區才有機會碰到。牠們不擅飛行，多半停在樹幹或較粗樹枝上，碰到有人接近，就像螃蟹一樣以橫行方式移到樹幹的背面，玩起躲貓貓的遊戲，你走慢一點，牠就移動得慢一點，走快一點，牠就跟著快速躲開你，因此除非觀察力很強，很不容易看到廬山真面目。當然如果有兩個人就很方便，一人由右側，一人由左側，繞到樹背面就可以看到。

我猜
我猜
我猜猜猜

如果只有一個人時，怎麼逮到牠呢？
這是最常見的白蠟蟲，叫綠蠟蟬，擅玩躲貓貓。

謎底 在下頁某一角！

# 嬌小成群的昆蟲

各種角蟬，頭部均有不可思議的凸起。

## 角蟬

這是同翅目中一群不會鳴叫，又不引人注意的小小昆蟲。然而牠們頭上具有奇形怪狀的角，如果用放大鏡觀察，看起來很像古代武士頭上威風凜凜的頭盔。

牠們生活在原野山林植物體上，以刺吸式口器吸食野生植物內的液汁。只要有角蟬棲息，附近都會有螞蟻活動，螞蟻保護牠

角蟬頭上的角狀凸起，究竟作用為何，至今仍是個謎。（本圖根據珍稀標本畫成）

們，並吸食由角蟬腹部分泌出來的蜜汁，形成共生現象。由於角蟬和人類沒有什麼利害關係，而且很微小，所以我們對牠們的生活史及生態並不很了解。

## 膠蟲

80多年前，可塑性塑膠是貴重器材零件材料，取得困難，價格昂貴。當時日本人鑑於印度產膠蟲能夠分泌蟲膠，可由此提煉塑膠，故於民國4年引進種原在樹枝上飼養，當時還和蠶並列兩大益蟲。二次世界大戰後，石油化學技術大躍進，物美價廉的人工合成塑膠材料紛紛上場，需要人工、成本又高的蟲膠完全被淘汰。然而當時人們並沒有妥善處理膠蟲，而棄置不管，於是膠蟲遷居到經濟植物上，尤其是果樹，如龍眼、芒果、荔枝或玉蘭

昆蟲小常識

在臺灣一方向進夠圈，頭朝向左為你者，其尾巴幾乎不存，牠於此分辨牠，這樣牠的手法子。

等觀賞植物，影響水果生產，竟成為果林大害蟲。

膠蟲在分類學上和蟬同屬同翅目，但不像蟬，甚至根本不像一隻昆蟲。因為除了一齡幼蟲及雄蟲以外，不但不能移動，甚至根本不動，讓人誤以為是植物體上長出來的瘤或附屬物。牠們的稚蟲及雌成蟲的腳退化，於是把身體固定在植物表面，以刺吸式口器插入植物組織內吸食汁液，並不斷分泌白色蠟質及紅色膠質覆蓋。一旦數量增多，使枝條黃化，植物會枯萎而死，更麻煩的是，所分泌的物質會誘發霉病，使枝條呈現黑色，更加重植物病情。

## 蚜蟲

蚜蟲雖然微小，但無所不在，且經常群居一處，規模較大時常會占滿整個枝條或葉片，令人難以想像。

由於食物、季節、生態環境的不同，同一種蚜蟲可以產生有翅型和無翅型兩類個體。有翅型具有薄膜質翅膀，由於軟弱無力，飛翔能力有限，通常靠風力飄浮；無翅型只能在生長處定居。蚜蟲用刺吸式口器吸食植物液汁。

成熟的雌蚜蟲在優良環境中，不必交配受精，以孤雌生殖法生殖。卵在母體內經過胚胎發育形成幼蟲後，直接由母體生出，和胎生的高等動物生產一模一樣。當環境不良時則改用雌雄交配、並由雌蟲產卵的一般昆蟲

正以胎生法生殖的蚜蟲。（佐佐木崑◎攝）

# 嬌小成群的昆蟲

成群棲息的蚜蟲，占滿整個嫩莖。

卵生繁殖方法。蚜蟲因環境不同而隨時採用不同但產子量都很大的繁殖方法，因此族群數量會無限膨脹，幸而有不少天敵，如瓢蟲、食蚜蠅、草蛉、寄生蜂，經常壓抑蚜蟲強大的繁殖率。

螞蟻也會聚集在蚜蟲出沒的場所，牠們一方面保護蚜蟲，一方面用觸角輕輕地碰打蚜蟲腹部的蜜管，蚜蟲就分泌含有甜味的液汁供螞蟻吃，呈現互利的共生現象。然而前來捕食蚜蟲的天敵身體強大時，螞蟻絕不會冒險和天敵周旋，反而裝出不知情的樣子，任由蚜蟲在眼前被天敵吃掉。到了冬天，蚜蟲開始越冬時，螞蟻也會把牠們帶回家飼養，有如畜牧。

有些蚜蟲會刺激寄主植物，使之產生蟲癭，直接為害農作物，其聚集處沾上蜜露、排泄物，於是真菌孢子從空中飄落其上後立刻大事繁殖，誘發霉病，此時植物體上好像覆蓋了一層黑色煤炭，妨礙植物行光合作用，因而擴大受害程度。

# 飛舞的花朵

「頭戴著金冠，身穿花花衣」的蝴蝶。圖為大紫蛺蝶。

## 蝴蝶

從前莊周夢中化成蝴蝶，栩栩然至人蝶不分；梁祝死後化成蝴蝶，翩翩兮形影不離。蝴蝶的美麗舞姿，不僅是文學家筆下「美」的化身，也是才子佳人「情」的寄託。輕盈飛舞在綠葉紅花間的蝴蝶，像春天嬌俏的仙女，也像自由自在飛翔的花朵，誠然是大自然界的藝術品。幸運的是我們所住的寶島台灣，以單位面積而言，擁有的蝴蝶種類、數量極為豐富，曾有「蝴蝶王國」的雅稱。

由於蝴蝶有寬大翅膀，白天經常振翅飛翔空中，是最容易引起人們注意的昆蟲；和其他絕大多數昆蟲，白天盡量想辦法和人類保持距離、躲避人類的習性不同，因此賞蝶方法、形式和其他昆蟲便截然不同。關於蝴蝶的詳細資料，請參閱拙著《台灣賞蝶情報》一書（全彩印刷，青新公司出版）。

即俗稱的蝶、蛾類，薄而大的翅膀上覆蓋整齊的鱗片。

**鱗翅目**

台灣
昆蟲
大探險

# 飛舞的花朵

太陽西下後，蛾類開始活動。

即俗稱的蝶、蛾類，薄而大的翅膀上覆蓋整齊的鱗片。

鱗翅目

## 蛾

　　黃昏來臨時，曾在陽光普照下到處現身飛翔的美麗鳳蝶、粉蝶逐漸稀少，代之而活躍的是色彩暗淡、幾無美感的蛇目蝶類。一等太陽西沈，蝴蝶完全消失，原先深藏茂密植物群落間的蛾類便開始出沒。最初出現的是天蛾及其他較小型的種類，隨著夜深，不但種類增加，更有大型妖艷的天蠶蛾來參加夜宴。由於多

數蛾類都有強烈的趨光性，因此在野外山中，牠們常會飛向路燈或旅館燈火，也就是所謂的「飛蛾撲火」的奇觀。蝶蛾間並沒有明顯的界線，牠們同屬鱗翅目，可以說是表姊妹。在系統分類學上，弄蝶類在形態、生態學上都介於蝶蛾之間，有部分學者甚至將牠們以亞目形態分出來。不過，絕大多數的蝴蝶和蛾類都可以從外部形態及生態來區分。

飛舞的花朵 ▶

## 蝶、蛾的異同

| 共同特徵 | ·翅膀廣大，其上密布彩色鱗片。<br>·頭部有發達的觸角、虹吸式口器及複眼。<br>·完全變態。 | |
|---|---|---|
| 構造 　昆蟲 | 蛾 | 蝴　蝶 |
| 觸　　角 | 前端不膨大，形狀較多。 | 前端膨大。 |
| 單　　眼 | 絕大多數有單眼。 | 絕大多數沒有單眼。 |
| 活動時間 | 絕大多數在夜間活動，且有趨光性。 | 多數在白天陽光下活動，少數蛇目蝶在陰暗黃昏活動，入夜後休息。 |
| 停　　姿 | 姿勢繁多。最常見的是翅膀平放在身體兩側，或重疊在背上形成屋脊狀。 | 原則上將左右翅膀緊密地合攏在背上。有時會平放在身體兩側但不會重疊。 |
| 求　　偶 | 通常只要雌雄碰在一起即交配。 | 必須經過如詩如畫的求偶飛行、婚前舞踏才交配。 |

蝴蝶停棲時，原則上翅膀緊密合攏在背上。圖為姬雙尾蝶。

蛾類停棲時，翅膀常是平放在身體兩側。

即俗稱的蝶、蛾類，薄而大的翅膀上覆蓋整齊的鱗片。鱗翅目

飛舞的花朵

皇蛾是鱗翅目中最大型的種類。

## 皇蛾

皇蛾是全世界蝶蛾中最大型的種類，屬天蠶蛾科，體翅龐大，一張翅膀比大人手掌還大。口器退化不攝食，但成蟲生命期仍相當長。最特殊的是，前翅外角向外彎曲凸出，配上奇異的花紋，好似蛇的頭部，因此英國人叫牠「蛇頭蛾」。此外牠們喜歡在半夜飛到路燈，而且像蝙蝠一樣繞燈飛行，因此在台灣鄉下都稱「蝙蝠仔」。光復以前，分布在台灣全域的平地和低山帶；光復後不久，從平地消失，退居山區。

幼蟲偶爾會偷吃番石榴（芭樂）或枇杷的果樹葉子，一旦被農民發現，馬上慘遭被踩扁的命運。民國40年代，台灣的蝴蝶加工業開始興隆，由於皇蛾頂著

「世界最大」的頭銜，配上奇特的色彩斑紋，立刻成為熱門商品，當時可以當成「標本」出售的皇蛾成蟲，一隻約值50斤芭樂的批發價。於是有人開始進行人工飼養，然而必須每天到野外採葉餵食，也需要清理幼蟲排泄物，因此再怎麼努力，一個農民頂多可以養到1千隻。此時住在竹山的蔡姓果農將水果園名字改成「皇蛾牧場」，並發明特殊的人工強迫交配法，迫使雌雄皇蛾交配受精後，再以世界獨一無二的人工採卵法取卵。這種採卵法是：用紙張、鐵絲、夾子將準備產卵的母蛾固定在木頭上，只露出腹部，因為怕牠的大翅膀拍動時受傷，降低售價。現在看來，這種方法是很殘忍的。孵化出來的幼蟲則

野放在果園內的芭樂葉上，任牠們享用吃不完的葉子。

為了避免麻雀等天敵襲擊幼蟲，不僅在果園四周架設鳥網、稻草人，且不定時以人工驅趕。另一方面當果樹開花時，即加派人工將花剪掉。當幼蟲成熟後即吐絲，利用一片葉子當偽裝做繭，並在其中化蛹，有了蛹必須立刻派人收集懸吊在農舍中，如此一個人可以照顧數萬隻。

蔡姓果農靠皇蛾牧場的空前成功，累積驚人的財富，於是以埔里為中心的中部山區，有不少果農紛紛效法，廢棄果園改養皇蛾。結果真正賺到錢的寥寥無幾，因為他們缺少大規模放養的經驗，無法克服人類進行野生動物超高密度大量飼養必然發生的疾病。如果能充分了解飼養方

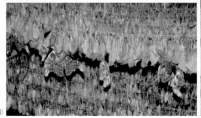

皇蛾牧場傳奇：①卵及剛孵化的幼蟲。②幼蟲身上密布白色粉沫。③收集蛹懸掛在農舍。④羽化後，進行人工交配。⑤獨特的人工採卵法。

# 飛舞的花朵

天蛾科是飛行冠軍,左圖為鷹翅天蛾,右圖為綠背斜紋天蛾。

法,並實地見習,熟練各項技術,那麼第一年一定可以賺大錢。然而從第二年開始,眼看幼蟲就要結繭化蛹,但仍抵擋不住流行性濾過性病毒侵襲,導致血本無歸。對此我建議他們,一片芭樂果園只能飼養皇蛾1年2代,養過1年的果園至少3年內不能再養。這種世界上沒有類似例子、富有台灣農村色彩的民俗,也在民國60年代,隨著台灣蝴蝶加工業的沒落而衰退,現在我們已經永遠無法再看到皇蛾牧場的奇景。

目前皇蛾分布在全島山區,但數量已經非常少,除非在夏天到烏來、棲蘭、谷關、南橫等深山地區才看得到。每年5月及8月是成蛾羽化密集期,可以看到的機會最大。

## 天蛾

天蛾的身體呈流線型,加上三角形翅膀,活像美國F104原型戰鬥機,其實應該說F104模仿了天蛾的外部形態。這一類流線型物體在空中飛行時,空氣阻力最低,所以速度很快。事實上天蛾是昆蟲中飛速最快的一群,通常時速可達50～60公里,據說也有人測到牠們最高飛速可接近100公里。

天蛾的種類繁多,從平原到高山均有分布。牠們的幼蟲又肥又胖又沒毛,身體軟軟的,形狀很像巨大的蠶寶寶,但顏色多樣。最大而獨特的特徵是,腹部末端有一支長長的肉質凸起。牠們吃葉片成長,再鑽入土層中,或選擇落葉堆的下方化蛹。蛹沒

飛舞的花朵

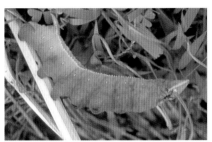

天蛾幼蟲像軟綿綿的蠶寶寶。

有繭保護，裸露身體，屬裸蛹，可以看見口器，呈圈狀放在頭下。羽化成蛾以後，白天躲藏在茂密的樹叢中，黃昏開始活動，常飛到花叢，快速振動翅膀，將身體固定在花朵前的空中，狀如直昇機，並伸出很長很長的吸管狀口器探入花蕊吸食花蜜。

　　眾多天蛾中，透翅天蛾相當與眾不同。牠們翅膀較小而且透明，身體卻很肥胖，並且在大白天活動，常常飛到花叢前停在空中吸花蜜，彷彿是一隻蜂鳥。想看透翅天蛾不難，春夏在郊區有金露花叢的地方是牠們最愛活動的場所，如果在住家花園種植幾株金露花，也能吸引牠們從遙遠的郊區飛來訪花採蜜。

天蛾裸露的蛹。

頗似蜂鳥的透翅天蛾。

種植金露花便可誘引透翅天蛾。

即俗稱的蝶、蛾類，薄而大的翅膀上覆蓋整齊的鱗片。

鱗翅目

枯葉蛾類擬態枯葉（右圖為黃枯葉蛾），停在植物體上時，極難發現。

## 枯葉蛾

　　在野外，沒有毒毛的蝴蝶或飛蛾幼蟲很難看到，因為牠們知道自己軟弱無力無毒，因此只得靠保護色躲得好好的。只有那些全身密生長毛、看起來怪恐怖的毛毛蟲，會大膽暴露在外。密生長毛的毛毛蟲不是蝴蝶幼蟲，是一部分蛾類的幼蟲。有的根本沒有毒，可以用手撫摸。有的毒性很強，如枯葉蛾的幼蟲，身上密生毛茸茸的毒毛，毛下連接毒腺，當人碰觸毒毛時，毒毛立刻斷裂，毒液由毒腺溢出，沾上了皮膚就立刻引起過敏反應，又痛又癢。像枯葉蛾幼蟲一樣具有毒毛的蛾幼蟲還有毒蛾、燈蛾等。

　　枯葉蛾成蟲翅膀、體軀的色彩形狀酷似枯葉，停棲時，左右翅膀重疊呈屋脊形，用整個體翅擬態枯葉，白天在森林中靜止不動時，極難發現。有強烈趨光性，在高溫季，會飛到山中路燈繞幾下就停在地面或電線杆上，此時很容易找到。枯葉蛾口器退化，不攝食。

密生毒毛以自衛的枯葉蛾毛毛蟲。

即俗稱的蝶、蛾類，薄而大的翅膀上覆蓋整齊的鱗片。

鱗翅目

飛舞的花朵 ▶

毒蛾幼蟲身上已有毒毛，羽化成蛾後仍然留在體軀上保護身體。

## 毒蛾

　　體型小，翅膀形狀無特別處，色彩和斑紋也很平凡，並不會引起人們注意，然而伸手去捉牠們時，馬上感覺刺癢難耐。毒蛾雖被冠上「毒」字，但體內並不含有毒物質，而是體軀上及翅膀基部的毒毛有毒。這些毒毛原本是幼蟲時期的毒毛，當牠們化蛹後將這些毒毛保留在蛹殼內，羽化成蛾時植在體表，接觸到人的皮膚就釋出毒液。毒蛾產卵時把卵粒堆在一起形成卵塊，並把體上毒毛移到卵塊上，作為卵的護身符。

## 燈蛾

　　在野外山區燈火下能夠看到的小型飛蛾，多半是燈蛾。燈蛾的種類繁多，數量也不少。牠們的翅膀多半狹小、有顯明色彩，停棲時將翅膀合攏緊貼在背上成扁長橢圓形。幼蟲多毛，受驚時會把身體捲起來，看似刺蝟，因此農民稱之刺蝟蟲。幼蟲多半以草葉為食。

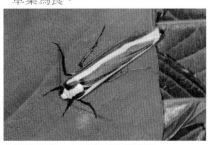

燈蛾科停棲時，身體成扁長橢圓形，左圖為大紅線苔蛾，右圖為青帶細翅蛾。

## 飛舞的花朵

燈蛾幼蟲多毛。

### 刺蛾

刺蛾的幼蟲可以說是「毒蟲中的毒王」，牠們形狀和一般蛾類幼蟲都不一樣，身體肥胖呈扁長橢圓形，還有彈性。身上並沒有軟質的毛，而密生毒針，通常有10多根毒針聚成一束束毒針叢，故其分泌的毒液遠比一般毛毛蟲毒毛的毒力強很多。因此牠們呈現美麗得幾近妖艷的色彩，警告所有天敵，切勿靠近自尋痛苦。成熟幼蟲會建造堅牢的卵形繭，

一端有蓋，羽化成蛾後，打開蓋爬出。成蟲色彩不美，只是非常平凡的小型蛾。

### 菜蛾

一群狹長微小、色彩保守、不引人注意的小蛾。這一類菜蛾幼蟲多半生活在農耕地，尤其是菜園。成熟的幼蟲會在菜葉上吐絲做白色薄薄的繭，在裡面化蛹。牠們可以說是蔬菜害蟲，如專吃甘藍菜葉片的小菜蛾，會把葉子啃得只剩一層薄膜。

小菜蛾展翅僅12釐。

超級毒蟲——刺蛾毛毛蟲，顏色艷麗，但成蛾（右圖）平凡無奇。

即俗稱的蝶、蛾類，薄而大的翅膀上覆蓋整齊的鱗片。

**鱗翅目**

飛舞的花朵

## 鹿子蛾

　　在花叢上，有時會發現身體肥大、腹部有顯明的槁狀紋、翅膀透明細小、看起來很像具有毒針的可怕虎頭蜂的昆蟲，但仔細

以綠草為帳，正在行嘉禮的紅腹鹿子蛾。

觀察，牠似乎軟弱無力，飛翔力很弱，只能以緩慢的速度做短距離飛翔，這點和虎頭蜂又完全不像，這就是鹿子蛾科飛蛾。牠們體翅都很小，和一般飛蛾相反，只在白天活動，喜訪花採蜜。最大特徵是，沿著翅脈形成黑色條紋，翅脈外的其他部分沒有彩色鱗片，裸露無色透明的空窗。

## 夜蛾

　　在蛾類中，種類最多、最常見的是夜蛾科蛾類。牠們都屬中

小型，體軀肥大，前翅略狹窄，後翅則寬大，此外形態及色彩斑紋上並沒有明顯的獨特處。白天躲在暗無天日的茂密森林內，有人走動，會突然從腳下冒出來，並迅速地再鑽進草叢。到了晚上開始飛集到燈火下，在山區夜晚，構成飛蛾撲燈景觀的中型蛾類，多半是夜蛾類。

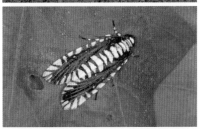

鱗翅目中種類最多的夜蛾：上起為鑲落葉夜蛾、輪紋夜蛾、黃緣樹夜蛾。

即俗稱的蝶、蛾類，薄而大的翅膀上覆蓋整齊的鱗片。

鱗翅目

飛舞的花朵

尺蠖蛾幼蟲有趣的行走動作。

## 尺蠖蛾

　　在農田或灌木的枝條上，有時一根枝條忽然間動起來，並以古怪的步法移動一下，立刻又伸長身子搖身變回一根枝條，這就是尺蠖蛾的幼蟲。牠們身上沒有毛，也不像其他蝶蛾幼蟲有許多腳，尤其腹腳多半退化。停棲時以尾腳固定在植物體上；行走時以胸腳固定身體，鼓起腹部拉攏尾端呈弓形，再固定尾部，將身體往前伸直捉住植物體，重複一伸一縮的動作。尺蠖蛾幼蟲多半為農作物害蟲。成蛾中有少數白

上起為綠紋枝尺蠖蛾、淡黃燕枝尺蠖蛾、白帶綠枝尺蠖蛾。

天活動外，通常也靠保護色停在樹幹、草叢間，到了晚上才活動。

飛舞的花朵

## 像蝴蝶的蛾類

曾有學生在野外白天觀察到小型蛺蝶，像多數蝴蝶一樣把左右翅合併在背上。採回家查圖鑑，卻翻不到類似的圖片，以為發現了新種，興匆匆地帶來給我鑑定。不過這是錨紋蛾科的蛾類，牠們和蝴蝶最大的區別是，具有絲狀觸角。

如果夏天在山區活動時，看到很小很小的鳳蝶，在大太陽下軟弱無力地緩慢飛行，有明顯的尾狀凸起者，一定是尾蛾科的擬鳳蝶蛾；沒有明顯的尾狀凸起，則屬於斑蛾科的黑燕蛾類。

## 避債蛾

有時在木麻黃、相思樹、茶樹、柏樹的枝條或葉片上，吊著

避債蛾雄蛾體翅呈暗色。

和蝴蝶幾可亂真的黑燕蛾、錨紋蛾、擬鳳蝶蛾。

一包包由碎葉碎枝織成的小袋子，看似不動，但仔細觀察，偶爾由袋口伸出蟲頭偷吃葉子，也會緩緩移動。這是像債務人到處

飛舞的花朵

避債蛾的巢，幼蟲及不會飛的雌成蟲都住在裡面。

即俗稱的蝶、蛾類，薄而大的翅膀上覆蓋整齊的鱗片。

鱗翅目

躲避人家討債的避債蛾。雌成蛾形狀如幼蟲，無翅不能飛，雄成蛾為不起眼褐色的小型蛾，飛來

交配後，雌蛾即在巢內產卵。孵化出來的幼蟲離開母巢移居樹上，剪取葉片或小枝條，吐絲把

避債蛾巢經加工處理製成的皮包。

飛舞的花朵

這些材料織成袋狀的巢，藏身其中。幼蟲背著巢到處吃葉片，成熟後把巢當繭，在裡面化蛹。牠們的巢由強韌的絲構成，因此商人收購大量避債蛾蛾巢，切開整理後縫合，可以代替皮革製成獨特的蟲皮錢包、手提袋、褲帶等，是台灣特產手工藝品。

## 大燕蛾

民國74年8月15日半夜，工程師彭元傑在北市建築工地工寮電燈下採到一隻體翅龐大、狀似鳳蝶的昆蟲，送到昆蟲博物館來鑑定。我發現牠具有很長的絲狀觸角，肯定是蛾類，然而遍查圖鑑及資料後發現在台灣並沒有紀錄，而是屬於遙遠菲律賓山區不算稀少的大燕蛾，方知這是一隻迷蛾。

目前在台灣並未繁殖的大燕蛾。

所謂迷蛾是根本沒有在台灣繁殖，也未曾有分布紀錄，卻在偶然機會中從鄰近地區乘氣流或靠本身飛翔能力遷移而來的飛蛾。然而該大燕蛾個體翅膀還很完整，不像飛行了上千公里，仔細觀察發現牠身上有原木屑，因此判斷，可能以蛹的形態，躲藏在原木縫內偷渡來台，而在台灣羽化的個體。

目前台灣沒有任何大燕蛾的生態資料，唯一的標本現存北市成功高中昆蟲博物館。

# 第一武士：甲蟲一族

除了蝴蝶外，人們最感興趣的昆蟲是甲蟲，即鞘翅目昆蟲。甲蟲的種類非常多，外部形態、生活場所、習性也差異很大，但是牠們有以下共同特徵：

1.體壁外骨骼很發達。

2.前翅硬化變成翅鞘，不用時覆蓋在身體背部，左右翅鞘恰在身體中線上緊密貼合，形成堅硬的護身構造。

3.後翅膜質比前翅寬大，不用時可以摺疊收藏在前翅下側，由外看不到。

4.飛行時前翅打開，固定在身體兩側好像飛機翅翼，動力來自龐大後翅的振動，這種飛行方法和其他昆蟲完全不同，一看就能判別。

## 長臂金龜

台灣產甲蟲中最大型的是長臂金龜。體軀壯碩，體長可達6公分。最特殊的是雄蟲有1對很長很長的前腳，長度可超過10公分，彎度怪異且有凸起，看似樹枝。這1對過長的前腳妨礙了飛行、步行，它們只有一種作用——談戀愛。長臂金龜常躲在老朽樹洞中，雌蟲尤其躲得深，雄蟲只得以長長手臂探入洞內向雌蟲示愛。

台灣產甲蟲中的大哥大——長臂金龜。

# 第一武士：甲蟲一族

雖然長臂金龜號稱台灣最大甲蟲，看來也夠威猛，其實性情溫和不善鬥爭，根本不是其他大型甲蟲的對手，即使體重只有牠一半的鍬形蟲也可打得長臂金龜節節敗退。

長臂金龜生活在亞高山至高山帶的原始森林中，夏夜常常慕燈飛到山中旅館附近路燈，還常笨笨地碰撞電燈桿。本是稀有昆

長臂金龜飛起來！瞧牠獨特的長長前腳。

蟲，現更被指定為保育類。

## 獨角仙

獨角仙是台灣產第二大的巨型甲蟲。厚實的體壁配上向前凸出、威武的犀角狀長形犄角，活脫脫是個勇猛的武士。雖然名為「獨」角仙，其實前胸還有一隻較短的犄角。卵產在肥沃的土層中，幼蟲長得很像「雞母蟲」（金龜子幼蟲），吃腐植土生長，以幼蟲越冬，隔年5月間化蛹，6月羽化成為成蟲。白天成蟲躲在森林，夜間飛到樹幹上吸食由樹縫分泌出來的樹液。有趨光性。

獨角仙很容易飼養，長得很逗趣，是小孩的好玩伴，也適於

觀察研究。因此在二次世界大戰後，日本商人和昆蟲學者合作，發展出人工高密度大量飼養方法，目前已有上百家獨角仙生產供應廠商，每年以百萬隻為單位送入各百貨公司、寵物店出售。據調查，約有70％日本人，在孩

獨角仙的蛹，隱約可見向前伸出的犄角。

# 第一武士：甲蟲一族

正從蛹內爬出地面的獨角仙成蟲。

提時養過獨角仙。最近在台灣也有數家商人在暑假前後出售活的獨角仙，但規模不大，而且是到野外採捉後出售。由於採集、輸送、待售時的飼養方法等都很粗糙，因此活體健康狀況普遍不好，成蟲生命短，產卵情況也不佳，有必要改成科學化的生產及供應系統。

## 金龜子

金龜子是所有甲蟲中最常見而熟稔的甲蟲。牠們在台灣無所不在，從鄉間農田到中央山脈深山均有其足跡。金龜子體呈卵圓形或長圓形，看起來還算堅硬壯碩，色彩艷麗且有金屬光輝。種類繁多，絕大多數中型，也有較小型，在台灣大型的沒有幾種。

吸食樹液為生的姬獨角仙。

# 第一武士：甲蟲一族

白白胖胖的雞母蟲。

　　幼蟲身體白白胖胖，俗稱「蠐螬」，農民稱「雞母蟲」，是雞隻最喜啄食的昆蟲，多生活在土層中。有些攝取土壤中的有機腐植物，對農業毫無影響；有些種類專吃植物根部，就會成為害蟲。幼蟲成熟後仍然在土中化蛹，羽化後爬出地面，振翅飛到樹叢生活。

①

④

②

③

⑤

常見的色彩艷麗的金龜子：①艷金龜、②虎斑花金龜、③白斑紅金龜、④紅金龜、⑤粟色金龜。

前翅硬化成翅鞘，用以護身。成員眾多，外觀差異大。

鞘翅目

# 第一武士：甲蟲一族

埃及金字塔內出土，以糞金龜為主角，用黃金、寶石製成的裝飾品。

## 糞金龜

在古代埃及，人們認為白天陽光普照下，在大地表面滾動糞球的蜣螂是太陽神的使者，因此尊為聖蟲，不但不敢捕殺還頗為敬畏。從已有數千年歷史的神殿、金字塔深處，曾掘出不少以蜣螂為圖案的飾物。古羅馬人認為牠們在地面上推動糞球，宛如地球的運轉，是象徵一種永恆生命，因此也視之為神靈動物，於是爭相珍藏蜣螂，作為避邪的吉祥物。這些蜣螂就是糞金龜中的

推丸糞金龜，牠們有肥胖但結實的身體，全身黑色，前腳適合掘挖，又吃動物糞便，看來和金龜子相差很遠，但是在分類學上屬於金龜子科，和獨角仙也是同一

家族。

　　糞金龜在台灣分布很廣，從平地到深山，凡是有動物排泄物的地方就有。但是多半晝伏夜出，很少露臉，因此名字雖廣被人知，但看過牠們真面目的人不多。不少農民常誤稱獨角仙為「牛屎龜」，其實獨角仙只吃腐植土，死也不肯吃牛糞。

　　糞金龜母蟲產卵於動物糞便中，幼蟲通常在糞便下側土層挖個洞棲息，並吃糞便長大。除了成蟲交配期以外，很少公開活動。只有在山區有若干種推丸糞金龜會在光天化日下爬到山路邊收集糞便，滾成球丸推到陰蔽場所便於產卵，並且挖一個洞將糞

在山路邊收集糞便滾成球丸的黃金龜。

丸推入洞中再覆蓋土壤保護後代。然而有些推丸糞金龜不想自製糞丸，就把自己的卵產在人家做好的糞丸中；有的更惡劣，會硬搶別人做好的糞丸占為己有。

　　糞金龜也許較低賤，但牠們是自然界的清道夫，而且保留了人類未知的奇妙習性，值得深入探討。

## 鍬形蟲

　　比起鍬形蟲，獨角仙雖有力氣但性情溫和得多，猶如大象。鍬形蟲中最大的鬼艷鍬形蟲雖然體長超過獨角仙，但是身體很扁，體重遠比獨角仙輕，其鬥性很強且狠毒，獨角仙遇到牠們，自覺不是對手，往往不戰而逃。

　　鍬形蟲最大的特徵是，頭上有1對由大顎特化形成、左右相對狀如老虎鉗的武器。這對大顎在雄蟲更發達，成為強有力的武器，形狀多變，有的似鹿角，有的像頭盔上的角。

　　鍬形蟲生活在樹林中，尤以原始森林為多。白天躲在陰暗空

前翅硬化成翅鞘，用以護身。成員眾多，外觀差異大。

鞘翅目

# 第一武士：甲蟲一族

鬥性極強的鬼艷鍬形蟲，左圖為雌蟲，右圖為雄蟲。

間，聚集在由樹縫滲透出液汁的樹幹上。鍬形蟲間最激烈的鬥爭發生在雙雄爭美時，敗者俯首稱臣，勝者占雌蟲為己有。雌蟲產卵於樹幹，由卵孵化的幼蟲鑽入木質部吃木材生長，並化蛹、羽化。

多數鍬形蟲都有趨光性，想捉起來觀察，以兩根手指夾住胸部即可，萬一不慎被雄蟲大顎咬住時，切勿急著用力拉開，如此牠們會咬得更緊，只要忍痛不動片刻，牠們會自動鬆開大顎。

雄蟲的大顎特別發達，圖為一雄一雌的雙點紅鍬形蟲。

# 第一武士：甲蟲一族

## 吉丁蟲

日本京都有一座歷史千年、聞名世界的國寶級古寺——法隆寺，珍藏「玉蟲寶塔」，它是一座非常精緻、可收藏寶物的佛具。以金屬台架構成塔狀，表面覆蓋著金銀鈾並嵌鑲上1千多隻玉蟲美麗的翅膀。從那時起，日本人便認定玉蟲為吉祥的動物。由於牠們體殼堅硬，在山中採捉後陰乾就可久藏，因此常被供奉在佛壇上，祈求帶來幸運。

二次世界大戰後，日本經濟復甦，聰明的商人利用這個民俗加以宣傳，如果年輕女性能夠把玉蟲帶在身邊，可以早早遇到白馬王子，於是玉蟲的標本及裝飾品銷路直線上升。然而當時在日本，玉蟲產量已少得不得了，於是在30年前派人來台，深入山區搜購玉蟲。據說第一年搜購了10幾萬隻，但數量每年遞減，現在已不太容易看到了。還擁有大片原始森林、盛產玉蟲的馬來西亞及泰北，目前仍把玉蟲加工成耳飾、胸針等飾品。

玉蟲在台灣稱為吉丁蟲，牠們體型呈長扁卵狀，雖然也有全身黑漆漆的種類，但是多半具有綠、紅、紫等艷麗且有金屬光輝的色彩，在強烈陽光反射下，宛如一塊珍寶。牠們生活在林木中，不善步行，但在甲蟲中算是飛翔力強的昆蟲。當牠合翅停在枝條上時，更能完全顯現寶石般的高貴模樣。成蟲如此美麗，但是幼蟲卻是個醜八怪，專門蛀食木材，被認為是林業害蟲。

現在吉丁蟲種類數量已不多，尤其大型且有彩色金屬光澤的種類更少。然而在盛夏，深入中央山脈仍然保有原始森林或大片野生林邊緣仍然有機會看到，可以到烏來、陽明山蝴蝶花廊、惠蓀林場、埔里南山溪中上游、扇平、墾丁等地找找看。

宛如寶石般高貴的吉丁蟲。

# 第一武士：甲蟲一族

叩頭蟲的生涯：幼蟲→蛹→成蟲。

## 叩頭蟲

在中央山脈森林中，另有一類很像吉丁蟲但身體較扁的昆蟲，就是叩頭蟲。吉丁蟲頭部緊連身體，不能活動；叩頭蟲的頭部和略呈四方形的前胸雖連在一起，但和身體間有明顯的關節，被人捉住時，會猛然發出「卡卡」聲音，並且應聲強有力地磕頭。一般人被這種突然冒出的激烈振動和怪聲嚇了一跳，放鬆了手，牠們一掉落地面，立刻藉磕頭動作反彈回空中落入附近草叢，逃

之夭夭。如果把牠們捉緊，六腳朝天平放在地面或桌子上時，牠會假死靜止一會兒，再發出一聲「卡」，反彈半圈，恢復正常體位繼續逃難。其實牠們並不是在磕頭，而是連頭帶前胸一起做叩頭運動。

叩頭蟲的分布、棲息環境和吉丁蟲重疊。只有幾種和吉丁蟲一樣明亮艷麗，可惜的是這些美麗種很少，其中最美麗的虹彩叩頭蟲是保育類昆蟲，只許欣賞，不能採殺或製成標本。

叩頭蟲的頭部和身體間有明顯關節。

艷麗無比的保育類虹彩叩頭蟲。

# 第一武士：甲蟲一族

## 虎甲蟲

　　漫步山中小路時，常常可以遇到一種不太顯眼、沿著山路緊靠路面飛行的昆蟲。一走近，牠就會再往前飛一小段停下來，繼續往前走，牠又重複動作，好像為人們帶路。如果緩慢靠近、仔細觀察，牠們具有很美的色彩，在黑底上摻著白色發亮的斑紋，俗稱虎甲蟲，屬於斑蝥科的甲蟲。斑紋是不像老虎，但是牠們的大顎很發達，性情極為殘暴，平常巡邏地面，發現其他較弱小的昆蟲就緊追不捨，逼得小蟲走頭無路，終被擭捕。

　　虎甲蟲幼蟲就在路邊地面挖洞穴居住，常從洞口邊露出頭，伺機快速地捕擭獵物，拖入巢內進食。想要觀察幼蟲，可以摘下細長柔軟的草根、草莖，放入洞中搖動一下，牠會猛然咬住，於是就輕鬆把幼蟲吊出來。虎甲蟲幼蟲很好養，但是需要3年左右才能成熟。

蟲假虎威的虎甲蟲。

八星虎甲蟲翅鞘上有8個醒目的白斑，性情凶猛。

## 瓢蟲

　　半球形身體、色彩鮮艷光滑的小瓢蟲，用細短的腳小步行走的樣子，宛如嬌羞的淑女，因此西洋人稱牠為「淑女蟲」。中國人則因其體型好像前人用來舀水的水瓢，因此取名「瓢蟲」。從郊外、鄉下到城市公園、小菜園，甚至在屋頂花園或陽台的植物中，都可以找到牠們的蹤影。樣子雖然又小又可愛，其實絕大部

# 第一武士：甲蟲一族

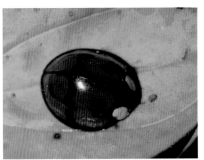

圓滾滾的淑女——瓢蟲，此為龜紋瓢蟲。

介殼蟲附著植物體上，根本不動。

分瓢蟲一生都屬肉食性，專吃為害農作物的蚜蟲、介殼蟲、葉蟬、飛蝨等害蟲。幼蟲形態怪異醜陋而且凶狠，不斷地大口捕食蚜蟲；不止如此，先孵出的幼蟲常吃尚未孵出的卵，大幼蟲演出捕食小幼蟲的慘劇。

1907年（日治時代），台灣的柑橘園發生了極為嚴重的吹綿介殼蟲災害。由於介殼蟲外有一層蠟質介殼，當時的農藥無法滲入

赤星瓢蟲的不同遺傳個體之一。

殺蟲，於是逐年擴大災情。經過研究後於1909年由紐西蘭大量引進了瓢蟲，並釋放到柑橘園裡大肆捕食介殼蟲，有效地壓制介殼蟲繁殖，及時抑止蟲害，重整柑橘業。

瓢蟲的名稱，多半以身上斑紋數量、色彩命名。原則上雌雄色彩、斑紋相同，但雌蟲身體較大；也有像赤星瓢蟲這類雌雄花紋完全不同的種類，其變化完全遵照遺傳學始祖孟德爾（Gregor Mendel）所提出的定律，是遺傳實驗的好材料。

瓢蟲還有很多有趣的習性，例如受驚時來不及飛走，只得縮腳掉落地面，如果掉到繁茂的草叢中，牠會慌忙逃跑，如果是平

坦的地面，則六腳朝天假死，動也不動。如果天敵還不放過牠，就會從身體的某一部分——絕對是一般人很難想像得到的部位——分泌黃色黏液嚇退敵人。此外，牠想要飛行時，必須爬到枝條頂頭才能起飛。因為革質化的前翅弧度很大，不容易打開，形成愛往上爬行的有趣習性。放在手指上時牠會往上爬，爬到頂頭時反轉手指方向，使瓢蟲位在下側，牠還會慢慢轉頭再往上爬，如此可以重複好多次。如果在白紙上用黑色彩色筆畫一條彎曲粗線，把瓢蟲放在上面，牠會沿著黑線爬行哦！

龜紋瓢蟲　　七星瓢蟲　　黃斑瓢蟲

赤星瓢蟲：以上四隻雖然斑紋不相同，但全為赤星瓢蟲之不同遺傳型。

大13星瓢蟲　小13星瓢蟲　波紋瓢蟲　　黃瓢蟲

小雙十星瓢蟲　大雙十星瓢蟲　　十星瓢蟲

前翅硬化成翅鞘，用以護身。成員眾多，外觀差異大。

鞘翅目

我猜
我猜
我猜猜猜

嚇退敵人（圖為交配中的波紋瓢蟲）？
遇到天敵時，瓢蟲會從哪個部位分泌黏液

謎底　在下頁某一角！

# 第一武士：甲蟲一族

## 象鼻蟲

象鼻蟲的口吻特別長，向前凸出，有如大象鼻子，實為咀嚼食物的口器。此外，觸角長在口吻基部是最大特徵。

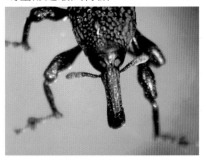

以身體大小為基準時，到底是象鼻蟲的口吻長？還是大象的鼻子長？

小小的豆象卻是危害豆類的大害蟲。

有不少象鼻蟲是農作物的害蟲，尤其幼蟲蛀食植物莖內為害植株。最嚴重而值得吾人深思的是香蕉假莖象鼻蟲，這種害蟲，本來在台灣根本不存在，只因民國40年初，有人未經檢驗就從東南亞貿然引進香蕉苗，不幸在香蕉假莖中藏了幾隻香蕉象鼻蟲。牠們迅速以幾何級數增加，到了42年，假莖內已有數百隻象鼻蟲

的香蕉外表看不出異樣，但一棵接一棵死亡。當時還沒有對穿入假莖深處能夠發揮除蟲效果的農藥，政府只得以現款收購蟲體方式減輕蟲害。以民國44年為例，1年間總共收購了2,700公斤，每斤象鼻蟲平均有1萬1千多隻，亦即收購總數接近3千萬隻，相當駭人聽聞。

另一類屬於倉庫害蟲的，如米象、禾象、豆象等真是無孔不入，只要包裝不嚴密，五穀、豆類放久了一定會有象鼻蟲蛀食。這一類象鼻蟲，體型弱小，形態也不突出，但是生態活潑，而且種原取得、飼養、觀察都非常容易。

產在原始森林的象鼻蟲，就不是害蟲了，如蘭嶼特產的蘭嶼象鼻蟲，體型很可愛而且非常美

# 第一武士：甲蟲一族

硬繃繃的蘭嶼象鼻蟲。

麗。盛夏季節牠們在蘭嶼中央山脈原始森林中棲息，為數不少，但不易靠近。牠們的前翅非常堅硬，且左右翅膀已緊密地黏成一片，形成保護身體的甲胄，硬得不得了。原住民青年便以此來較量手力，結果百人中沒有幾個有力量把牠們壓扁。牠們只能步行，腳尖附節寬大，走路時很像誤穿特大號鞋子的小丑，滑稽又可愛。蘭嶼象鼻蟲種類很多，色彩斑紋也很類似，比較斑紋、進行分門別類的工作，是訓練觀察力最好的途徑。蘭嶼象鼻蟲已經被指定為保育類昆蟲。

象鼻蟲是昆蟲王國中種類相當多的一群，左起依次為：黃斑褐象鼻蟲、黑點大象鼻蟲、白瘤象鼻蟲。

# 第一武士：甲蟲一族

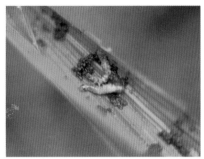

可曾在野外發現捲得像春捲一樣的葉子？打開來，裡面住著白色的搖籃蟲幼蟲。

## 搖籃蟲

到了野外，稍加注意路邊草叢，不難找到一片葉子被捲得像春捲的葉苞。把牠打開，裡面有形狀可愛的搖籃蟲蛹，不然就是乳白色蠕動的幼蟲。搖籃蟲是象鼻蟲科中的一類小型甲蟲，樣子很可愛，讓人不禁聯想到馬戲團裡的小丑。看似笨手笨腳，卻能巧妙地切開一片葉子，利用其中一部分葉片替幼蟲做個安全舒適的搖籃。那有效率巧妙的製籃過程實在令人歎為觀止！

## 竹筍龜

50～60年前，台北市內及近郊（中和、永和一帶）到處有竹林。每到夏天小孩子會群聚到竹林中尋找竹筍龜，用線框住牠長長的口吻後，握住線的另一端，把牠拋向空中轉幾圈後，會開始展翅飛行。如果人站著不動，牠

前翅硬化成翅鞘，用以護身。成員眾多，外觀差異大。

鞘 翅 目

小巧可愛的長鬚搖籃蟲。

竹筍龜已瀕臨絕種。

# 第一武士：甲蟲一族

就拉著線以人為中心不斷地畫著圓圈飛行；一旦玩膩了，還可以烤熟當點心吃。

竹筍龜偷吃竹筍，幼蟲更蛀入竹芽，因此竹農也鼓勵小孩子捉蟲吃。現在，專業竹農會定期噴灑農藥，竹筍龜幾乎絕種了。牠們最喜歡到已長到1～2公尺高的竹筍尖端活動、產卵。竹筍龜的正式中文名是台灣大象鼻蟲，是台灣產象鼻蟲中最大型的種類。

## 天牛

天牛哪裡像牛啦？牠身體修長，有一對很長、強韌的鞭狀觸角，只有堅實強壯的體壁可以和牛扯得上關係。多數天牛色彩光鮮美麗，有強有力的口器，但是不像鍬形蟲或獨角仙雄蟲一樣好鬥，除非敵人向牠挑戰，否則不會自動挑釁。

天牛的成蟲以植物的樹皮、花、芽、葉、花粉等為食，但是幼蟲會蛀食莖幹，破壞植物莖中

①

②

③

④

天牛長長的鞭狀觸角攻敵作用不大，主要用來嗅出異性所在。①薄翅天牛、②褐天牛、③霧社絨毛天牛、④圓翅瘤天牛。

前翅硬化成翅鞘，用以護身。成員眾多，外觀差異大。

鞘翅目

# 第一武士：甲蟲一族

交配中的斑天牛。

的輸導組織，使植物的生長滯緩甚至枯萎。因此在幾10年前，有幾種天牛被認定是林業害蟲，例如星天牛專蝕柑橘林、桑天牛危害桑樹、竹天牛蝕食竹林，農民為此困擾不已。但是近年來為了防治其他病蟲害所施放的農藥，竟也順便徹底消滅了天牛。

　　屬於蟲害型的天牛多半色彩平凡不怎麼美麗；棲息在深山原始森林、和農作毫無關係的天牛中，有不少是色彩鮮艷的美麗種

類，如全身泛紅惹火的紅艷天牛。

## 芫菁

　　野外有豆科植物的地方，或者栽植豆類的農耕地幾乎都可以看到芫菁。牠們有修長的身體，看起來沒什麼保護作用的柔軟翅鞘。但是身體含毒，天敵不敢隨便吃牠。但中醫上可做外科發泡劑、內科利尿劑或增加性慾的春藥。內服時如不遵從醫師指示服用，常有嚴重副作用，用量過多甚至也有致命的危險。

　　最常見的是全身漆黑、頭部鮮紅的豆芫菁。牠是豆類植物的大害蟲，不管平地或者山地的豆田，只要幾周不噴灑農藥，就會有大量豆芫菁發生。黑底黃帶的

紅艷天牛像雕琢精細的紅寶石。

外表漂亮卻是害蟲的豆芫菁。

# 第一武士：甲蟲一族

左起為細頸金花蟲、星點大金花蟲、交配中的紅葉蟲。

橫紋芫菁則在野生豆科植物上常見。

## 金花蟲

　　金花蟲有2種外型，呈卵圓形的酷似瓢蟲，較修長的則像金龜子。牠們全部以植物的葉片、莖及嫩根為食，其中小型種類的幼蟲，還會鑽入葉片上下表皮間的葉肉部分蛀食，卻不致撕破葉片的上下表皮。這種食性和幼蟲以肉食為主的瓢蟲、以腐植土為食的金龜子類有很大差別。生活在農耕地的金花蟲幾乎都是害蟲，例如危害水稻的鐵甲蟲、危害瓜類的黃守瓜，都曾使農民傷透腦筋。牠們常常成群齧食農作物葉、花，被嚼過的葉片常是千瘡百孔，狼狽不堪。

　　金花蟲中最有趣而奇妙的是龜葉蟲類，牠們酷像瓢蟲，但是胸部體壁及前翅透明。身體常常有發亮的金綠色、黃金色等極為美麗的色彩，但這種金屬光澤並

體色黃得發亮的黃守瓜，看似美麗，卻是危害瓜類作物的害蟲。

# 第一武士：甲蟲一族

台灣

昆蟲

大探險

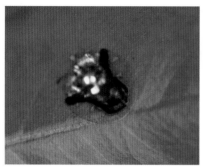

黃金龜金花蟲閃亮的金屬光澤。

非來自色素而屬於「生理色」，也就是活著並不斷有氧氣在組織內時才能呈現出來的色彩。當牠們死了，組織失去氧氣時就褪色，變成很難看的汙褐色。

## 龍蝨及牙蟲

　　小型水域，像池塘或溝渠中，如果有大量水草成叢，水質又沒被化學物汙染，那麼可以看

到扁紡錘形、黑得發亮的龍蝨在水中快速游泳，一會兒靠近水面現身後，立刻又消失得無影無蹤。牠們全身滑溜溜的，交配時可就傷腦筋了，還好雄蟲前腳有吸盤，交配時靠它吸住雌蟲，固定體位。

　　龍蝨成蟲有時會在悶熱的夜晚，展翅飛向燈火，此外，一生都在水中活動。雌蟲把卵產在水中石頭或沈木上，幼蟲及成蟲均在水中捕食其他小動物，尤其高齡幼蟲及成蟲很凶暴，常常會捉住比自己身體大很多的蝌蚪或小魚吃。成熟的幼蟲離開水中鑽入水邊土層內化蛹。在水中活動一段時間後，必須浮近水面，把尾端突出水面呼氣，當牠再要潛入

龍蝨幼蟲及成蟲形態。

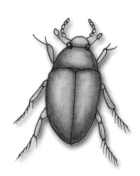

牙蟲體呈扁紡錘形。

前翅硬化成翅鞘，用以護身。成員眾多，外觀差異大。

鞘翅目

# 第一武士：甲蟲一族

水中時會順便摘取一個氣泡，附在尾端。當氣泡的氧氣逐漸消耗而消失時，又必須浮到水面呼吸。龍蝨適應力很強，只要沒有化學汙染，海邊鹽分高的池塘、溫泉地區水溫高的池塘，都可見蟲影。屬於龍蝨科的甲蟲有大有小，小的還不及半公分。

類似龍蝨也住在水中的另一種甲蟲是牙蟲科。牠們身體也呈扁紡錘形，色彩也以黑色為主，主要差別在牙蟲觸角為棍棒狀，較短，小顎鬚比觸角長，腳的形狀也不同。此外牙蟲的主要食物是水中腐植物，幼蟲則和龍蝨一樣肉食。

## 隱翅蟲

在農地或野外潮溼的地方，常可看到身體修長柔軟的隱翅蟲。名字由來是因牠們前翅退化，變得很短，因此大半腹部都露在外面。後翅可以摺疊，收藏在前翅下側，裸露出來的腹部經常上下擺動，似乎警告天敵：「不要碰我，我有毒！」

牠們以小型昆蟲及蟎為主食。由於牠們會分泌蜜露，因此頗受螞蟻喜愛，經常住在蟻巢中。在台灣，每到水稻收割季，牠們便成群飛往農家燈火活動，並在牆壁、桌面亂爬，惹人討厭。不小心把牠揉死，體內毒液被擠壓滲出碰到皮膚後，使人奇癢無比，此時如果用指甲搔癢，搔破了表皮，使毒液接觸真皮，立刻產生水泡狀潰瘍。

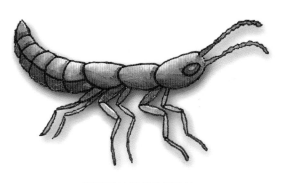

隱翅蟲的腹部是裸露的。

# 提小燈籠的天使

## 螢火蟲

唐詩：「銀燭秋光冷畫屏，輕羅小扇撲流螢，天階夜色涼如水，臥看牽牛織女星。」如此愜意的夏夜生活，在50、60年前的台灣還可以享受得到。以台北市為例，尚是石頭路的中山北路、內湖、外雙溪等盡是螢光點點，尤以螢橋正如其名，下方河岸更是螢火蟲的最大盛產地。

如今，在忽略環保的台灣，火金姑不再提燈來照路，甚至成了瀕臨絕種的生物，電視上的咖啡廣告影片中，一群螢火蟲在觸手可及處閃閃發光的情景，已是現代都市人遙遠的夢。幸而在學

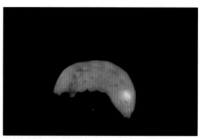

剛化蛹的黃鬚櫛角螢，全身閃閃發亮。

者、農場業者等有心人士共同推動的保護及復育計畫下，還螢火蟲很大生機。

### 同時可見螢火蟲

一年四季都有，但是除非成蟲提著燈籠飛出來，一般人很難找到牠們也會發光的幼蟲或蛹。在台灣，從3月分開始就有螢火蟲成蟲可欣賞，種類及數量最多的

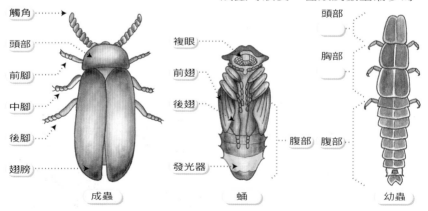

觸角

頭部

前腳

中腳

後腳

翅膀

成蟲

複眼

前翅

後翅

發光器

蛹

頭部

胸部

腹部 腹部

幼蟲

螢火蟲各態期的外部形態。

# 提小燈籠的天使

是4月分,身體及燈籠最大、最有觀賞價值的台灣山窗螢則遲至11～12月分出現。也就是說,除了嚴冬1、2月外,螢火蟲飛舞的時令相當寬廣。

## 螢火蟲奇妙的生活

目前全世界已知的螢火蟲種類多達2千種,分布在台灣的約40種,依幼蟲的生存環境又分為水生及陸生2類。

水生螢火蟲生活在清潔且有小淡水螺繁殖的水域。雌蟲把卵產在青苔或草叢間,由卵孵化的幼蟲進入水中,吸食淡水螺生長。經過5～6次脫皮成熟後,爬到岸邊找尋有植物或石頭掩蓋的鬆軟土層,製造蛹室並在其內化蛹。蛹脫皮變成成蟲後,爬出地層展翅飛向天空,尋覓伴侶交配。

陸生螢火蟲生活在整年潮溼的林間,幼蟲捕食蝸牛,化蛹時也鑽入土中。

### 常見螢火蟲成蟲發生期示意表

| 月分<br>種類 | 1 | 2 | 3 | 4 | 5 | 6 | 7 | 8 | 9 | 10 | 11 | 12 |
|---|---|---|---|---|---|---|---|---|---|---|---|---|
| 黃緣螢<br>(水生) | | | ▬ | ▬ | ▬ | ▬ | ▬ | ▬ | ▬ | | | |
| 台灣窗螢 | | | ▬ | ▬ | ▬ | ▬ | ▬ | ▬ | ▬ | ▬ | | |
| 台灣山窗螢 | | | | | | | | | | | ▬ | ▬ |
| 黑翅螢 | | | | ▬ | ▬ | | | | | | | |
| 端黑螢 | | | | | | ▬ | ▬ | ▬ | ▬ | | | |
| 紅胸黑翅螢 | | | | ▬ | ▬ | ▬ | | | | | | |
| 櫛角螢 | | | ▬ | ▬ | | | | | | | | |
| 橙螢 | | | | | | | | | ▬ | ▬ | ▬ | |

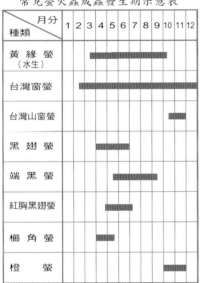

水生的黃緣螢幼蟲正在捕食淡水螺,但成蟲頂多吸飲露水。

# 提小燈籠的天使

少數螢火蟲的生活情況，介於水生和陸生之間。

螢火蟲成蟲軟弱無力，通常不吃不喝，頂多吸食露水，唯一的任務是「傳宗接代」。但是牠們的幼蟲不但形狀怪異，行動時常扭曲成畸型，還屬肉食性昆蟲，襲食軟體動物為生。陸生螢火蟲幼蟲咬蝸牛觸角，水生螢火蟲攻擊螺頸，同樣釋出麻醉劑，使目標物無力反抗。當蝸牛或淡水螺完全被制服後，幼蟲開始分泌消化液，並用強而有力的大顎夾碎螺肉，攪拌消化液，充分分解螺肉，直至螺肉成為半流動性的膠漿狀肉糜。剛做好的肉糜呈圓球形，先含在口器再慢慢吞入體內消化管。這種體外消化模式相當獨特，一般動物屬於體內消化，先把食物送入消化管後再混合消化液消化食物。幼蟲咬住螺體時，螺體緊急縮進螺殼深處，幼蟲則不斷探頭深入螺殼內。這時候看起來好像幼蟲戴了一頂螺帽擺動，異常古怪刺激。

## 精巧的發光設備

螢火蟲屬於鞘翅目甲蟲，因此牠們的身體構造都有一般甲蟲的特徵。而最大的特色，也是其他昆蟲或動物所沒有的是，具備了高度特化的發光器。成蟲、幼

前翅硬化成翅鞘，用以護身。成員眾多，外觀差異大。 鞘翅目

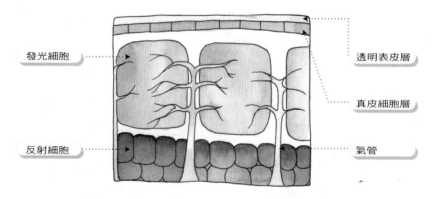

發光細胞
反射細胞
透明表皮層
真皮細胞層
氣管

發光器的構造。

# 提小燈籠的天使

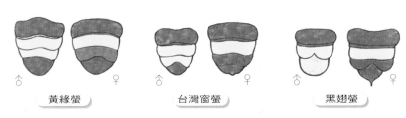

| 黃緣螢 | 台灣窗螢 | 黑翅螢 |

種類、性別不同的螢火蟲，其發光器形態各不相同。

蟲及蛹的發光器都在腹部末端，呈現明亮的黃色。雄蟲發光器占腹部2節，雌蟲則只有1節。成蟲不吃東西，頂多吸些露水，因此成蟲生活及發光所需的能力來源，全是幼蟲期累積在體內為數甚少的化學能，然而牠們能靠發光器精密的構造及深不可測的生物化學作用，將這一點點化學能幾近百分之百地轉化為光能，形成螢光。這種光是一種「冷光」，不熱，也不會灼人。

螢火蟲發光細胞的最外側是透明的表皮層，內側為薄薄的真皮；真皮下是密排的發光細胞，發光器最裡層是不透明的反射細

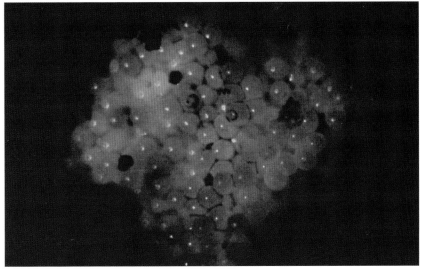

黃鬍櫛角螢的卵也會發光。

前翅硬化成翅鞘，用以護身。成員眾多，外觀差異大。

**鞘翅目**

# 提小燈籠的天使

終於找到對象可以傳宗接代，圖為端黑螢。

橙螢在做什麼？該不會在捕食幼蟲吧！
（答案在本文中）。

胞。有氣管分布在發光細胞間隙，另有微氣管深入發光細胞內密布在細胞質中。此外，細胞質內有可供能源的粒腺體、螢火素及發光酶。螢火蟲發光的流程非常複雜，由氣孔進來的氧氣，通過氣管進入發光細胞，經發光酶的媒介，和螢光素產生化學作用形成光線，再利用反射作用，使光線從透明表皮層射出，向體外發光。

螢火蟲從卵、幼蟲、蛹到成蟲，整個生命期都可發光。發光的目的除了嚇退天敵自保外，對成蟲而言是談情說愛的工具，因為每一種螢火蟲發出的光譜、亮度、頻率都不一樣。因此絕對不會找錯對象；不僅如此，即使是同一種，雌雄發光情況也不同。

不過並不是所有螢火蟲都會發光，如紅胸扁螢的幼蟲仍有發光功能，長為成蟲時因發光器退化而無法發光。這一類不發光的螢火蟲總是在白天活動，只能以色彩和氣味來吸引異性。

## 螢火蟲體型大小

螢火蟲成蟲雌雄之分別，除了發光器以外，雌蟲體型明顯比雄蟲大。有少數種類如台灣窗螢、橙螢、黃鬚櫛角螢的雌成蟲，翅膀退化，不能飛行，狀如幼蟲。故上圖是雌雄橙螢正在交配中。

# 提小燈籠的天使

台灣山窗螢（左圖）、黃鬃櫛角螢（右圖）的雌成蟲均狀如幼蟲。

中齡以後幼蟲身體比成蟲大很多，以台灣山窗螢為例，成蟲只有2公分左右，但成熟幼蟲可達6～7公分。

螢火蟲終齡幼蟲身體竟然比成蟲還大，為什麼？

我猜

我猜

我猜猜猜

謎底 在下頁某一角！

# 嗡嗡嗡，小心我的毒針

蜂類種類甚多，全世界已知者約12萬種，和蟻類併為膜翅目，就其習性而言，可說是相當高級的昆蟲。

蜂類有以下共同特徵：

1.身體多半短圓筒狀。通常腹部第1節和胸部連合成一體，第2節後的腹部另呈圓筒狀。

2.具咀吸式口器。

3.前翅較大，後翅較小，均膜質。

4.多數雌蜂產卵管特化成毒針。

5.有些有社會組織，有些有家庭、有巢，或三者皆無。

> **膜翅探窺**
>
> ・天蜂採蜜習性。
> 因為蜂皆不獨居，所需養分要靠幼蟲親哺蜂蟲在，所以只採蜜或吃、吃花、吃植物汁液，故幼蟲發育迅速化全變態的昆蟲。

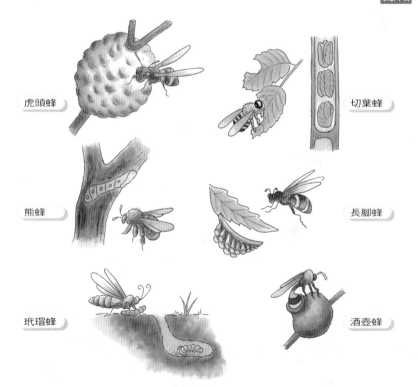

虎頭蜂　切葉蜂

熊蜂　長腳蜂

玳瑁蜂　酒壺蜂

主要蜂類的巢。

即俗稱的蜂、蟻類，多數種類為社會性昆蟲。

膜翅目

# 嗡嗡嗡，小心我的毒針

讓人聞之色變的殺人魔王——虎頭蜂。

## 虎頭蜂

民國74年10月26日，台南佳里仁愛國小由陳益興老師帶領六年級學童到曾文水庫郊遊，不料卻

在林間小路遇上一隻虎頭蜂，陳老師大聲呼叫小朋友保持安靜後，那隻虎頭蜂離開了。正當大家鬆了一口氣時，竟來了一小群虎頭蜂穿梭在人群之間，小朋友害怕之餘拔腿奔跑，有些拿手提袋想揮開牠們，虎頭蜂一看見這些動作就展開攻擊，不到幾分鐘，巢中的留守蜂傾巢而出，上千的虎頭蜂輪番攻擊師生，現場亂成一團。走在最前頭的吳小妹妹全身已被叮螫上百處，倒在地

直徑1公尺、長1.5公尺的虎頭蜂巢。

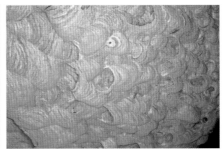

蜂巢外壁有許多進出口。

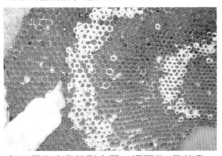

每一層有六角柱形小屋，裡面住1隻幼蟲。幼蟲化蛹後，其上覆蓋白色繭皮。

即俗稱的蜂、蟻類，多數種類為社會性昆蟲。

膜翅目

# 嗡嗡嗡，小心我的毒針

採食蜂捕殺蝶幼蟲後，製作成肉丸，搬運回巢。

上慘叫。陳老師為了保護她，脫去上衣包住她，而用自己的身體抵擋虎頭蜂攻勢。陳老師及吳小妹妹在這次蜂災中不幸死亡，其餘學童分受輕重傷。這是台灣史上最大的蜂災。其實被虎頭蜂螫死的個案時有所聞，在山中遇蜂螫受傷的新聞更是常見。

虎頭蜂又名胡蜂，體色概為黑黃相間，大顎宛如虎牙般駭人。最具危險性的是腹末那根螫針，攫捕獵物時，即以螫針刺入將其痲痹，然後搬回巢中。

虎頭蜂有嚴密的社會組織。受精的雌蜂築一座小巢，產下數10個卵後，必須獨立撫養幼蟲，成為一巢之主。少數未受精的卵變成雄蜂，絕大多數受精卵孵化成為沒有生殖能力的工蜂。族群

擴大時，巢跟著增大，而且分好幾層，宛若公寓一般。

工蜂分成3批，留守蜂負責巢內一切家務事，哺育幼蟲、侍奉雌蜂，雌蜂此時已貴如女王，除了產卵外不再做事。另一批採食蜂則早出晚歸，到處採集花蜜，捕捉小蟲子，並把食物搬回巢裡交給留守蜂處理。第3批守衛蜂數量較少，牠們以巢為中心，按照家族規模大小畫出50～100公尺範圍為警戒區，並不斷地在地盤上巡邏，遇有可疑的人或動物進入警戒區，守衛蜂先靠近示威，只要往後退就沒事。

如果不明就裡，還繼續往前走，會引來更多守衛蜂，一有激烈動作，如揮手、奔跑，牠們便開始攻擊。此時只有卯勁全速奔跑，逃離警戒區一段距離後就安全了，牠們絕不會窮追不捨。奔跑時如果穿著太寬大的衣服，或留著長頭髮，最好用手按緊，因為虎頭蜂最大攻擊目標，是產生不正常氣流及明暗度激烈變化的對象。

# 嗡嗡嗡，小心我的毒針

## 玨瑁蜂

　　沒有社會組織，但有家。翅膀通常呈半透明的玨瑁龜殼上的黃色，最大特色是觸角尖端彎曲呈圈狀。其中一部分在地面挖洞造巢，另一部分就在農家牆壁或樹幹上以泥土造巢。

　　牠們最喜歡獵殺各種蜘蛛，一旦發現，立刻以毒針將麻醉劑打入蜘蛛體內，搬回巢中餵食幼蟲。如果獵殺的是比自己大2倍以上的蜘蛛，因無力以飛行方法長途運輸獵物，只得拖著獵物沿著斜向枝條到尖端最高處，再振動

**觸角彎曲成圈狀是玨瑁蜂最大特徵。**

翅膀往下飛跳，以節省運送力氣。在水面上捕捉到大型蜘蛛時，牠們會把獵物推入水面，自己騎在上面，振動翅膀即可輕易在水面上搬動獵物。

## 熊蜂

　　身體碩大肥胖，通常密生長毛，翅膀相對地較小，因此有重量感。如果虎頭蜂是高性能的噴射戰鬥機，熊蜂就屬舊式的重轟炸機。牠們有簡單的家庭組織，蜂巢通常築在朽木洞內。以花粉及花蜜為食，因此在春夏季節盛開野花的地方，經常可見熊蜂穿梭花間忙著採蜜。牠們不會主動

攻擊，除非你想捉牠，就算牠們在耳邊嗡嗡飛過也不會自動螫人。

**重量級的褐熊蜂。**

即俗稱的蜂、蟻類，多數種類為社會性昆蟲。

**膜翅目**

# 嗡嗡嗡，小心我的毒針

台灣
昆蟲
大探險

褐長腳蜂（左圖）、黃斑長腳蜂（右圖）。

## 長腳蜂

和虎頭蜂同屬胡蜂科，但體型較長，腳也長。牠們沒有社會

為幼蟲送風納涼的長腳蜂群。

組織但有家，由家屬照顧幼蟲。牠們和虎頭蜂一樣，將木頭或葉片咬碎混合唾液，做成能夠防水類似紙漿的巢。不同的是虎頭蜂巢外部有厚壁包裹形成封閉式巢，進出必須經過巢門；而長腳蜂巢的育嬰室連成片狀，直接裸露。由外可以看到室內幼蟲的頭。成熟幼蟲會吐絲封住育嬰室口，在內部化蛹。夏天悶熱的日子，牠們會像虎頭蜂一樣，群棲巢上，不斷地振動翅膀，為幼蟲送風納涼，非常盡責哦！

長腳蜂巢是人們在野外最容易找到的蜂巢。牠們不會無端攻擊人，因此只要不去碰觸巢，可緩慢地走過去在近距離觀察或拍照。

即俗稱的蜂、蟻類，多數種類為社會性昆蟲。

膜翅目

# 嗡嗡嗡，小心我的毒針

## 細腰蜂

　　細腰蜂是一群沒有社會組織、沒有家庭，但母親會替後代做安全舒服的窩的蜂類。

　　這個窩用泥漿做成，小小的，但很精緻，很像古人釀酒用的酒壺。細腰蜂如其名，腰部很細，牠習慣捕捉蝴蝶幼蟲，硬把軟弱無力的幼蟲塞入壺內，並把自己的卵產在幼蟲身體上，最後再以泥土封閉壺口。

　　在農舍牆壁上常見的細腰蜂巢，通常呈不規則形，摸起來很硬，裡面分成若干小房間，內有幼蟲及母親替幼蟲準備的豐富食物，如蝴蝶幼蟲、小蜘蛛、蟋蟀、蒼蠅等。細腰蜂中能夠做出精美酒壺狀巢的就是酒壺蜂。細腰蜂一旦捉住獵物，立刻用毒針注射麻醉劑，使獵物暈睡過去，卻長時間不死，等待蜂的幼蟲一隻又一隻地慢慢進食，在這期間被塞入巢內的獵物因為沒有死，因此不致腐敗。這類神奇的麻醉劑，若應用在醫學上及運輸活體動物，可以發揮驚人的效果，可惜人類還不能明瞭其成分。

具有葫蘆腰身材的細腰蜂。

酒壺蜂的巢，左巢尚需搬入食物，右巢已做好並封口。

即俗稱的蜂、蟻類，多數種類為社會性昆蟲。

膜翅目

# 嗡嗡嗡，小心我的毒針

蜜蜂和蒼蠅（右圖）外表相似，但對人類的意義完全不同。左圖中央為后蜂。

台灣
昆蟲
大探險

## 蜜蜂

　　蜜蜂在童謠裡是「勤做工好過冬」的模範生，體型很像花蒼蠅，但蒼蠅類翅膀只有1對，蜜蜂有2對。現在看到的蜜蜂絕大多數是由人飼養的，真正野生的蜜蜂少之又少。蜂農用木板製成巢箱，飼養一群群蜜蜂，讓牠們去採花蜜，釀成蜂蜜、蜂王漿，連同工蜂採回來的花粉，一併被視

即俗稱的蜂、蟻類，多數種類為社會性昆蟲。

膜翅目

人類養蜂取蜜食用已有上千年歷史。

# 嗡嗡嗡，小心我的毒針

為營養聖品。

蜜蜂和虎頭蜂一樣，不但有巢、有家庭，還有嚴謹的社會組織。亦即有專司產卵的后蜂；除了和后蜂交配外，無所事事的雄蜂；永遠在做事的工蜂。

蜜蜂雖然有毒針，但相當溫和，除非真正侵犯牠，否則不會隨意螫人。會螫人的蜜蜂都是工蜂，工蜂是雌蜂，但已失去生殖作用，不會交配也不產卵，一生默默地為了家庭不斷工作，要撫育幼蟲、清除巢房、採蜜擷粉，還得拖著老態龍鍾的身體擔任守衛工作。牠們的毒針是由失去功能的產卵管特化而成，像注射筒用的中空針，後面連接毒囊。蜜蜂螫人後往往不能抽回毒針，而留在皮膚上。

即俗稱的蜂、蟻類，多數種類為社會性昆蟲。膜翅目

我猜
我猜
我猜猜猜

《伊索寓言》裡說：蜜蜂因為氣憤人類拿走牠們辛苦採集的蜜，於是請求天神宙斯讓牠們可以用身上的針螫死靠近蜂巢的人。宙斯神不高興蜜蜂有這種懷恨心理，就讓牠們螫人後也跟著失去生命。是真的嗎？

謎底 在下頁某一角！

# 嗡嗡嗡，小心我的毒針

台灣 昆蟲 大探險

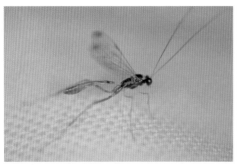

將卵產在蝶蛾幼蟲身上的寄生蜂。

小繭蜂幼蟲在蝶蛾幼蟲體外結繭。

## 寄生蜂

蜂的種類實在太多，有大有小，小的差不多只有麵粉粒一般。如果不用顯微鏡或放大鏡看，只不過是飄浮空中的小黑點，但牠還是有能力殺死另一種小生物。

小蜂是寄生蜂類中最大的一群，但還是比其他蜂還小很多。雌小蜂會找到蝶蛾或甲蟲的幼蟲或蛹，把1粒卵產在上面。孵化出來的蜂幼蟲鑽入獵物體內蠶食獵物身體，奇怪的是蝶蛾幼蟲並不會死，繼續吃葉子長大，而且還

會化蛹。然而小蜂幼蟲也在體內不斷吃蝶蛾幼蟲生長，當蝶蛾幼蟲化蛹時，牠們就在蝶蛾蛹內繼續吃蛹肉，使蝶蛾蛹變成空殼，最後自己也化蛹。不久蝶蛾蛹殼被鑽一圓孔，羽化出來的當然不是蝶蛾，而是小蜂成蟲。

另一群更小的小繭蜂會將一堆卵產在蝶蛾、甲蟲甚至其他較大的蜂類如葉蜂等昆蟲幼蟲的體上。孵化出來的幾10隻小繭蜂，像小蜂幼蟲一樣吃獵物身體長大。不同的是，當蝶蛾幼蟲變成終齡幼蟲時，體內組織被小繭蜂幼蟲吃光，蝶蛾幼蟲就會死去。這時候小繭蜂的成熟幼蟲一隻一隻由蝶蛾幼蟲體內鑽出來，在其

即俗稱的蜂、蟻類，多數種類為社會性昆蟲。

膜翅目

還選種蝶蟲人後，幼蟲順利吸取養料，由血管中取出，會由牠們體內釀製起球，那就是此蜂稱為小繭蜂的原因。

# 嗡嗡嗡，小心我的毒針

體外吐絲做小小的幾10個白色繭，羽化出來後，便展翅再去找獵物。

最小最小的寄生蜂是像灰塵一樣微弱的卵寄生蜂。蝴蝶的卵已夠小，有些還不及一顆小砂粒，但卵寄生蜂的雌蜂會把更小的卵產在上面，讓自己的小孩吃蝶蛾卵長大。

## 切葉蜂

如果在野外植物葉片上發現有規則的半圓形新鮮缺口時，耐心等一下，就會有稍胖、身上密生短毛的切葉蜂飛過來停在葉片上，以身長當直徑，用口器剪出半圓形葉片，再搬走。繼續跟蹤，就可以看到牠們鑽進鏤空的朽莖，再出來時已不見葉片。如此來回很多次，搬回半圓形葉片，塞入莖內。做什麼呢？剖開來會赫然發現，莖的空洞內有一團團肉粽似的葉苞，每一葉苞內

切葉蜂會為後代貯存食物。

有1粒卵。原來牠替後代貯存食物，幼蟲孵化後就吃已準備好的葉子長大，並化蛹。

即俗稱的蜂、蟻類，多數種類為社會性昆蟲。

膜翅目

# IQ極高的勞動者

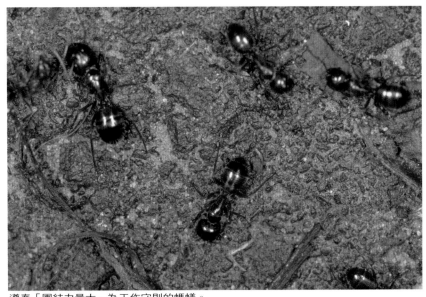

遵奉「團結力量大」為工作守則的螞蟻。

## 螞蟻

螞蟻也有嚴密的社會組織，巢中有后蟻、雄蟻及工蟻。工蟻中的一小部分特化成為體型大、大顎更發達、不做家事、不採蜜，但擔任保護工作的警衛工蟻。

在繁殖期，有翅膀的雌蟻和雄蟻在空中進行結婚飛行後即交配。雄蟻交配後不久死亡，雌蟻即獨自開始造巢、產卵。蟻巢因種類不同，有些在喬木樹枝上，有些在土層中，也有些在人屋內的各種縫隙。由卵孵化的幼蟲仍然由雌蟻育養，第一批幼蟲成熟、化蛹，全部羽化成工蟻，此後巢裡巢外的一切工作都由工蟻負責，雌蟻就升格成后蟻，從此只負責產卵，不做任何工作。

螞蟻食性很雜，牠們幾乎所有動植物組織或有機物都可以當食物。牠們的觸角非常敏感，不管昆蟲屍體在哪裡，牠們從遠處就可察覺，並引導牠們前往搬

# IQ極高的勞動者

運。食物太大無法搬動時會立刻折返，以觸角將信息（食物所在方向）傳達給同伴，如此引朋聚集，合力把食物搬回家。

螞蟻不止到處尋覓食物搬回，有不少種類還經營畜牧業哦！當牠們在巢附近發現有蚜蟲成群發生時，會自告奮勇趕過去保護蚜蟲，其實是為了吸食蚜蟲分泌的蜜汁。有些螞蟻能夠把棋石小灰蝶的幼蟲搬回家，養在自己巢中。每天外出採小灰蝶幼蟲要吃的葉片餵養牠，然後再榨取蜜汁餵后蟻或螞蟻幼蟲。更有螞蟻會採集特定的植物葉片，搬回巢中的養菌室，讓它發酵，生產真菌子實體（類似小香菇），然後吃自己栽培的子實體，滿自給自足的！

螞蟻和蜂類同屬膜翅目，但占族群中絕大多數的工蟻卻沒有翅膀。從人類房屋內、陽台、公園，及野外任何一個角落，無處不在。種類繁多，生活習性相差甚大。雖然牠們體型微小，但很有智慧，又能聚合群體力量完成個體所不能達成的工作目標，被視為昆蟲界中IQ及EQ都很高的生物。

生活在家中的螞蟻固然惹人討厭，但牠們是大自然界中重要的清道夫，只要有任何昆蟲死亡，不一會兒就聚集蟻群，立刻就地分解屍體，搬回巢裡。這些工作是生態系中不可或缺的一環，牠們的工作成效，使大自然生態永遠維持著動態性的平衡。

無所不在的螞蟻雄兵。

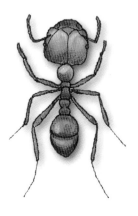

即俗稱的蜂、蟻類，多數種類為社會性昆蟲。

膜翅目

# 不得人緣的昆蟲

## 蚊蠅虻

有一類弱不禁風的昆蟲,散布在全世界每個角落,卻會傳染可怕的疾病,人類一直想要把牠們趕盡殺絕,卻始終無法得逞。

幾乎人人恨之入骨的蚊子,是衛生上的害蟲。幼蟲生活在任何水域,通稱「孑孓」,有強大的環境適應力,攝取水中微小有機物維生。成熟後也在水中化蛹,蛹的頭部比幼蟲還大,羽化後的成蟲飛往陸地騷擾人畜、吸食血液。

蚊子雖然弱小,卻是人類長久以來的強敵。

不會叮人的大蚊,因為酷似蚊子而遭池魚之殃。

蚊子幼蟲——孑孓。

一般而言,只有雌蚊才吸血,雄蚊靠植物的水分和汁液維生。

至於蠅類多滋生在汙穢環境中,吃腐肉、糞便、死屍,散播大腸菌,如家蠅、麗蠅。為害果樹的果實蠅,顏色鮮豔,其幼蟲是白色蛆,就住在成熟水果內。華南一帶的中國人,喜歡讓肉蠅產卵在一大塊瘦肉上,待蛆長成終齡幼蟲時,老饕便用筷子夾起活生生的蛆,沾

# 不得人緣的昆蟲

交配中的家蠅。

大琉璃食蟲虻的外形、振翅聲很像蜂類。

些醬油直接放入口中，吃得津津有味，這道名菜「肉筍」的價格可不低喔！

凶悍無比的虻類，也不討人喜歡，牠們捕食小昆蟲或吸飲人畜鮮血。台灣最常見的是牛虻，還有一種食蟲虻，外型酷似蜂類。

以上3類均屬雙翅目昆蟲，有以下共同特徵：

1.絕大多數小型。

2.完全變態。

3.前翅為膜質，提供飛行時的全部動力。

4.最大特徵是後翅退化成平均棍，飛行時主司身體平衡。

虻類性情慓悍，捕食小昆蟲為生，左圖為牛虻，右圖為黑端黃虻。

# 不得人緣的昆蟲

## 蟑螂

衛生害蟲之一的蟑螂，相當「顧人怨」。牠們可以說是活的化石。數億年前，鳥獸甚至恐龍尚未出現以前，蟑螂就存在了。當時的身體構造和今天看到的蟑螂幾乎差不多，只是體翅大幾10倍。牠們之所以經歷恐龍興絕，直到人類創造文明、科學極峰的現在，還能自由穿梭在人們居住的環境，必有其通天大本領。最重要的是牠們練就適應不良環境的超強能力，什麼東西都可以吃，即使幾個禮拜不吃不喝也不

生活在野外的山蜚蠊。

會死，放入冰箱也沒事。具抗藥性，故除非有強烈毒性的殺蟲劑，否則一般殺蟲劑對牠們實在無可奈何。

白天棲息在屋內陰暗的縫隙，夜晚才出來活動，廚房的垃圾桶是牠們最愛光顧的地方。有翅膀，能飛行，但較善於疾走。

生活在野外森林，尤其落葉堆中的蟑螂，倒是對人類毫無害處。

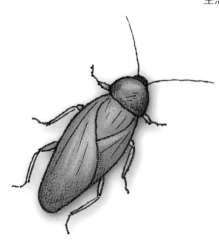

人人喊打的蟑螂。

俗稱蟑螂，多數種類左右翅重疊覆蓋在腹部。

蜚蠊目

梅雨季來臨時的悶熱夜晚，常有許多白蟻鑽進家裡，繞著燈火飛行。

# 白蟻

　　一般人以為白蟻是螞蟻的一種，其實有點「風馬牛不相及」，這兩種昆蟲毫無親屬關係，螞蟻屬膜翅目，白蟻則是等翅目。梅雨季來臨時的悶熱夜晚，不知從何處冒出的白蟻，繞著燈火飛行。飛了一陣，翅膀隨即掉落，除了關緊窗戶外，可以放一盆水在電燈下方，使撲燈的白蟻集中落入水面。

　　白蟻有社會組織，巢中后蟻生命短的數年，長的有15年的紀錄，牠在一生中產下的卵以百萬計。白蟻築巢於木材內或土壤，之所以能夠消化木材等硬纖維，主要是靠寄生在小腸內的鞭毛蟲。這種原生動物能夠分泌強有力的消化纖維素酶，分解木材，供白蟻吸收。

　　白蟻專蛀木材，鄉下木屋常為之倒塌、木質電線杆折斷，因此算是害蟲。但在森林中的種類，能夠分解朽木，促使自然界中的物質循環，擔任分解者角色。

# 不得人緣的昆蟲

## 蜉蝣

蜉蝣以其「朝生暮死」的短暫生命而廣為人知，因此「時間」才是牠最大的天敵。牠們身體柔軟弱小，有一對很長的尾毛。常在溪流上成群飛行，此時更顯得有氣無力，只要有風，就會被吹得七零八落。

生命短暫的蜉蝣。

不少種蜉蝣成蟲固然早上羽化，黃昏死亡，但仍有些種類有數天，甚至幾10天的生命。其稚蟲生活在水中，常停棲在水底小石頭背面。牠們是溪中魚類食物，釣魚時也可以當魚餌。稚蟲生命少則數月，通常是1年，也有長達3年的長壽種類。

胖胖的蜉蝣稚蟲，很難想像牠會變成纖弱的成蟲。

尾毛特長。口器通常退化，但稚蟲口器頗為發達。

**蜉蝣目**

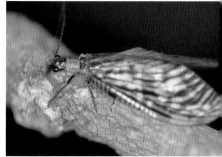
石蛉體翅龐大。

## 石蛉

出現在高溫季，一般要到有溪流的深山旅館住宿，才有緣在燈火下看見。身體軟弱，但有厲害大顎；會咬人，體翅相當大。石蛉幼蟲棲息在水中，狀如蜈蚣，以鰓呼吸，捕食小動物。生活2～3年才在石頭或水中腐木下化蛹，羽化成為成蟲。幼蟲可為魚類食餌。

石蛉幼蟲狀如蜈蚣。

具兩對大而透明且多脈紋的翅膀，卻不擅飛翔。

**廣翅目**

不得人緣的昆蟲

 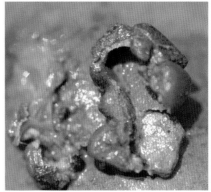

石蠶蛾幼蟲會築奇形怪狀的巢，右圖為剖開後的巢。

# 石蠶蛾

翻開山中溪流底的石頭，不難找到一堆堆很小的石粒或雜枝做成角狀、長袋狀、喇叭狀、網狀的怪東西，把它提起來並不散開，結結實實地，那是石蠶蛾幼蟲所居住的巢。

石蠶蛾成蟲很像鱗翅目的蛾類，但牠屬毛翅目，更大的差別是每一隻石蠶蛾一定有明顯的尾毛。牠們的幼蟲在水中吐出耐水的絹絲，黏住細石粒、小枝條、枯葉片，織成各種形狀的巢，再鑽進巢內並背著巢在水底岩間穿梭生活。成熟後則在巢內化蛹，羽化後，白天匿居水邊草叢中，天色昏暗時在溪邊群飛，尋覓伴侶交配。成蟲也是魚蛙食餌。

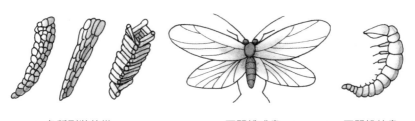

各種形狀的巢　　石蠶蛾成蟲　　石蠶蛾幼蟲

# 不得人緣的昆蟲

埋藏沙土裡的陷阱，是蟻獅的巢。

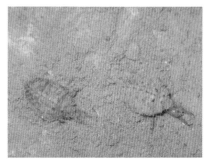

總是等待食物空降的蟻獅。

## 蟻獅

蟻獅是蛟蛉的幼蟲，成熟後就吐絲和砂混合製成一個球形繭，並在其內化蛹，由蛹羽化的蛟蛉，半像蜻蜓，半像豆娘。看起來柔軟纖細，實則具有厲害的咀嚼式口器，可以捕食比牠更小的小動物。

蟻獅生活在砂土內，挖土成漏斗狀的陷阱，自己在陷阱中央最深的位置，用砂土覆蓋身體。

蛟蛉看似弱不禁風，卻有厲害的咀嚼式口器。

當螞蟻或其他小昆蟲不小心踏入陷阱時，立刻不斷地噴砂粒，使獵物怎麼掙扎都爬不上去，反而向漏斗中央滑落，於是蟻獅就用大顎捕食。法國作家伯納・韋伯(Bernard Werber)的科幻小說《螞蟻》中，對蟻獅捕食獵物的激烈過程，有非常寫實的描述。因為牠們捕食的大部分是螞蟻，所以稱之為蟻獅。

蟻獅設陷捕食，看起來方法巧妙，但缺少主動性；另一方面，其他小昆蟲也沒有那麼笨，靠近的不一定會陷入蟻獅口中，因此牠常常吃不飽，多半在挨餓中等待食物，故而被迫經常遷居，還好牠們耐飢力很強，通常可以捱到成熟。

# 不得人緣的昆蟲

## 蠼螋

潮溼林下，草叢枯葉堆下，果園、庭院、溫室內較陰蔽處，常有一類昆蟲，身體細長、尾部有剪刀狀革質尾毛，還有1對很小的革質狀前翅，及摺疊後收藏在前翅下、稍微露出翅端的後翅，小孩子管牠們叫剪刀蟲，正式名為蠼螋。

多數蠼螋以植物為食。雌蟲產卵後到幼蟲孵出，都一直在旁守護，一方面採食物餵子。當雌蟲壽盡死亡時，幼蟲還小，無法採食，就吃母親屍體繼續成長，直到能夠獨立生活。

前翅硬化成革質，尾毛特化成剪刀狀。雌蟲具護卵顧幼的形性。

蠼螋有剪刀狀尾毛。

**革翅目**

## 衣魚

衣魚是下等昆蟲，完全沒有變態生活。3億年前就出現在地球上，現存種類和其祖先在外型、構造上並無多大差異。

由卵孵出來的小衣魚的外部形態和成蟲完全一樣，只是體型更小。

牠們生活在久不整理的貯藏室或舊書堆中，體型細長扁平，有些沒有翅，身上有鱗片，尾端有明顯的尾毛。牠們吃紙張、壁紙、漿糊、衣物等。

又稱總尾目。腹末有三根細長尾毛，屬無變態的下等昆蟲。

衣魚尾端有明顯的尾毛。

**纓尾目**

# 切不斷理還亂的人蟲關係

　　捷克小說家卡夫卡，在其代表作《蛻變》裡敘述支撐全家生計的主角，有一天早晨醒來，發現自己變成一隻巨大毒蟲，而反過來擾亂家人生活。

　　中國哲學家莊子夢見自己變成一隻蝴蝶，清醒後竟無法分清楚到底原先是人還是蝶。

　　現代作家劉墉，透過一隻同類相噬的螳螂，反諷這個「人吃人」的世界，寫成小說《殺手正傳》。

　　昆蟲在人類的文學作品中有各種隱喻，對應到現實生活裡，人蟲之間存在著更複雜的利害關係。

# 昆蟲和人類的糾纏關係

　　雖然人們常認為昆蟲是微不足道的小動物，其實牠們在地球表面乃是生存歷史最久、種類最多、分布最廣的動物。

　　在全世界已知的160萬種動物種類中，昆蟲曾有120萬種以上，幾乎占了所有動物種類四分之三。至於其在地球表面生活著的數量，也就是所謂蟲口，有個美國生物學者估計為8千萬兆以上，然而實際數目非人力所能計量。

　　這麼多的昆蟲遍布在地球表面各處，由熱帶原始森林至酷冷的南北極，下自地下數十公尺、深海數百公尺，上至5千公尺高山峻嶺，從荒蕪的原野到人類構建的摩天大樓，均可見昆蟲足跡，不但如此，甚至各種動植物體表、體內也有昆蟲寄生。其分布之廣、適應能力之強，令人驚歎，真是無孔不入。因此人類的生活空間永遠不能避免被包括在昆蟲生活領域之中，這個事實迫使人類與昆蟲發生不可脫離的密切關係。

　　在這複雜的相互關係裡，人類就以本身的利害關係及嗜好，主觀地將昆蟲分為益蟲和害蟲。惡害蟲如同蛇蠍，親益蟲彷彿密友，且無時不想盡辦法消滅害蟲、設法保護益蟲；然而對昆蟲而言，害蟲們不是有意與人為敵，益蟲也並非刻意與人為友，只不過是天賦的形性對人類利益產生的相對後果而已。不管其形成益害的原始原因如何，人類研

人類因其自身利益而想盡辦法撲滅所謂的害蟲。左圖為啃食乾硬麵包或麵粉的麵包蟲，右圖為曾是水稻害蟲的蝗蟲。

究生物科學、昆蟲的終極目標，乃在設法控制自然，創造更美好富有的生活條件，而其具體方法即想辦法將害蟲趕盡殺絕，增加益蟲數量。

試看，人類剛發明DDT或屬於所謂官能殺蟲劑的馬拉松等劇烈殺蟲劑時，曾得意地認為，從此可將害蟲趕盡殺絕，沒想到10幾年後，才發現這些藥只可控制當時的害蟲於一時，反而殺盡了捕食害蟲的益蟲，因此人類打破原有的生物平衡，造成未被殺蟲劑殺死的少數昆蟲更強大的繁殖局面，因此又要重新對付新型的蟲害。有鑑於此，人類開始研究利用益蟲捕食害蟲的所謂生物防治方法，更發明了「活著的農作物殺蟲劑」。例如為了克制蚜蟲或果實蠅之為害，大量繁殖瓢蟲，或大量生產寄生蜂卵，讓農民買回去懸掛果園，由卵孵出的瓢蟲或寄生蜂會遍訪果園，消滅果實蠅等害蟲。如此

雖然無法徹底消滅害蟲，卻不會產生因使用化學藥品留下的後遺症及汙染，可確保土壤、空氣品質。可惜目前能夠成功地應用於農耕地者，寥寥無幾。看來人和害蟲間的鬥爭，恐怕會永續不停。

## 台灣的昆蟲資源

台灣自古即有蝴蝶王國之雅稱。其實根據統計，已被記錄的台灣昆蟲將近1萬4千種，預估實有3～4萬種。眾多昆蟲中，能夠直接、間接地對人類及其居住的生態環境有所貢獻的，就形成了「昆蟲資源」。

### 經濟資源

珍稀昆蟲製成標本後，可高價出售。圖為玳瑁蜻蜓。

昆蟲加工業曾經風行一時。

### 1.做標本出售

美麗的蝶蛾、稀奇的甲蟲等，經製成標本後可高價出售。這項交易自日治時代就有，目前仍然進行中，但規模不大。

### 2.做裝飾品出售

將蝶蛾、大型甲蟲等做成各種裝飾品或實用品，如鏡框、杯墊、手提袋、桌布、文鎮等出售。這種昆蟲加工業在民國50～60年代達到高峰，每年被採捉加工的蝴蝶及其他昆蟲以千萬隻計，70年代開始沒落，80年代後已絕滅。目前在台灣看到的昆蟲裝飾品材料，有2/3以上是外國產昆蟲。

### 3.出售活體昆蟲

有若干人工飼養場，大量生

昆蟲曾是裝飾品的材料，上起為蝴蝶竹籃、蝴蝶書籤、昆蟲翅膀做成的耳環。

台灣昆蟲大探險

產，出售給國內外人工昆蟲園，作為展示用。民國60～70年代，活蛹出口每年以百萬個計。另有養殖業者生產蟋蟀，賣到熱帶魚店當高級肉食性魚類食餌。

### 4.當作食物

竹筍龜、蝗蟲是光復前後鄉村民眾的點心。台南一帶的台灣大蟋蟀餐點，有各種調理方法，成為台南的特色名菜。另外螞蟻也可當食物，只是不太普遍。

### 5.當成寵物出售

蟋蟀、獨角仙、鍬形蟲等昆蟲，因其特性而有人養來出售。

### 6.有關蝶螢之植物苗或規畫收益

民國80年代，蝴蝶、螢火蟲的保育觀念高漲，有不少森林遊樂區、公園、學校甚至社區，熱中復育工作。於是專門大量栽培相關植物的苗商、替各單位規畫設計復育區生態環境等行業，業務蒸蒸日上。

**教育資源**

台灣中小學有關自然和生物課程教材中，約有1/10是以昆蟲作為題材，且可以透過觀察、學

價格昂貴的虎頭蜂酒，據說有壯陽補身之效。

蟬曾是小孩的玩伴。

栽售大量誘蝶招蟲植物，也成為專門的行
業。上起為馬纓丹、扶桑、蝴蝶花。

習、研究昆蟲的過程，培養學生
觀察力、想像力；同時因為昆蟲
有以下特性，所以非常適合作為
教材：

　　．種類繁多，易於觀察、採
集。

　　．體形小、食量小、適應力
強、一世代又短，容易飼養。

　　．形態、生態富變化，又有
變態生涯，容易激發學生興趣。

　　．有關昆蟲作業或活動，例
如投入大自然懷抱，本身就是一
項健康明朗的活動。

　　目前陸續有學校，如北市達
人女中，計畫或完成螢蝶教學園
的設立，這類教育資源仍有待大
力開發，共創師生學習夢土。

## 觀光資源

　　昆蟲教育資源的具體開發、
運用及相關設施，例如籌設昆蟲
博物館、開發賞蟲地、舉辦相關
演講及研習會等，都成為昆蟲觀
光資源的基礎。因而昆蟲的教育
及觀光資源，實為一體兩面。

　　1.昆蟲資源的保育：對非害蟲
的昆蟲資源展開全面性保護，防
止牠們繼續衰退，並選擇部分重
要的昆蟲資源，如蝴蝶、螢火蟲
等進行積極的復育工作。本項工
作是開發原始資源、轉化為觀光
及教育資源的基礎。

　　2.設法將大量有關昆蟲的各種
資訊，以書籍、影像、電腦光碟
及其他任何形式向社會傳播。這

項工作在民國60年代開始推展時困難重重，為此，筆者前後寫了有關昆蟲書籍55本，也拍了台灣第一部蝴蝶生態影片《大自然之舞姬》（獲得第一屆金穗獎最佳紀錄片）。80年代後，保護生態、動物的觀念開始席捲台灣，如救國團發起的「我愛蝴蝶·再造蝴蝶王國」活動、《新觀念雜誌》推動的「我愛台灣·我愛蝴蝶」活動，掀起了民眾、政府對昆蟲保育的重視。

3.成立各種不同形式、層次的有關昆蟲保育的社團，如台灣賞蝶會、蝴蝶生態保育協會、螢火蟲保育協會，配合各級學校，不斷進行相關演講、研習會、賞蟲活動等。

「再造蝴蝶王國」全民保育運動
# 蝴蝶家庭手冊

主辦單位：救國團
　　　　　省立博物館
　　　　　中華昆蟲學會
　　　　　新觀念雜誌社
　　　　　七星環境綠化基金會
承辦單位：救國團之友會
　　　　　各縣市救國團

中華民國八十五年一月

不定期舉辦昆蟲研習會，可以帶領民眾深入賞蟲領域。

民國85年，救國團發起「再造蝴蝶王國」活動。

4.經過保護，並做適當設施後，開放盛產昆蟲的地區供民眾賞蝶、賞螢、賞蟲。如黃蝶翠谷、蝴蝶花廊、社頂公園、東勢林場等已陸續開放。

5.在台灣各處廣設昆蟲博物館、人工昆蟲園供人參觀、研習。目前已有近20處這類設施，可惜缺少獨創特色，應設法改進。

日月潭青年活動中心闢建的蝴蝶園。

## 昆蟲採集和保育間的平衡問題

昆蟲的保育和一般鳥獸等保育的共同基礎完全一樣，就是設法完整地保護生態環境，並使它穩定地永續下去；但具體保育策略則差別甚大。一般鳥獸的母體育胎數量多為個位數，且幼體生長期很長，

未遭捕殺的幼蟲會將食葉吃光。圖為黃蝶翠谷內的淡黃蝶蛹群。

在育嬰期如親代遭到捕殺，將連帶使發育中的幼體一起死亡；故保育對象必須及於每一隻個體。

但是絕大多數昆蟲的繁殖力之強，每每使人驚歎。母蟲懷卵常以百計，甚至上千上萬，如一隻雌白蟻一生

為研究而製成的昆蟲標本應妥善保存。

可產下1千萬個以上的卵。由卵孵化的絕大多數昆蟲幼蟲，隻隻能夠立刻獨立生活、生長，且發育時日很短。以瓢蟲為例，一隻母蟲平均會產下500個卵，每2～3個月一代，那麼1對瓢蟲在1年以後，子孫至少有620億隻；但因有不少天敵及環境因素強力地抑壓牠們理論上的繁殖數據，這個世界才不致被昆蟲淹沒。

由此可以明瞭，對一般常見昆蟲而言，只

要維護了牠們賴以生存的生態環境，其實人們有限的採捉對牠們毫無影響。例如民國50～60年代的

| 常見昆蟲 | 1隻雌蟲產卵概數 | 1年代數 |
|---|---|---|
| 螞蟻 | 10,000,000個 | 整年 |
| 白蟻 | 10,000,000個 | 整年 |
| 虎甲蟲 | 2,000個 | 1代 |
| 避債蛾 | 800個 | 1～2代 |
| 竹節蟲 | 500個 | 1代 |
| 瓢蟲 | 500個 | 2～4代 |
| 蟋蟀 | 300個 | 1～2代 |
| 椿象 | 130個 | 1～4代 |
| 蝴蝶 | 80個 | 2～4代 |
| 蠅 | 50個 | 5～12代 |

椿象的繁殖力強，1隻雌蟲可產下130個卵。

台灣蝴蝶加工業全盛期，每到黃蝶翠谷蝴蝶大發生期，有數百位職業採蝶人每天設置陷阱誘蝶，一季可捕殺上千萬隻。有趣的是如果那一年國外蝴蝶訂單很少，捕蝶量降低，次一年蝴蝶產量就明顯減少；如果訂單多，捕殺量龐大，次一年將有更多淡黃蝶發生。這種脫離常軌的數據使國外昆蟲學者非常訝異，主要原因是每一季發生後，若幼蟲未遭捕殺，就會把谷內可供食用的植物葉片吃光，使下一代無法生存。

當然少數繁殖力很弱的特殊種類，如珠光鳳蝶、長臂金龜，其族群規模已瀕臨絕種的臨界點，即使少量採捉也會影響牠們族群的命脈。這類特殊昆蟲，都已經被指定為保育類種類。因此若為觀察、研究、收藏之需要，採集野外常見昆蟲，對生態保育是沒有什麼影響；但我們仍應該尊重昆蟲生命，必須先有計畫，再採集必要的數目，飼養時善待牠們，製作標本後好好保存應用。

# 賞蟲玩蟲樂無窮

　　余憶童稚時，能張目對日，明察秋毫。見藐小微物，必細察其紋理，故時有物外之趣。

　　夏蚊成雷，私擬作群鶴舞空，心之所向，則或千或百，果然鶴也；昂首觀之，項為之強……

　　又常於土牆凹凸處、花台小草叢雜處，蹲其身，使與台齊；定神細視，以叢草為林，蟲蟻為獸；以土礫凸者為丘，凹者為壑；神遊其中，怡然自得。

　　這是清初文人沈三白的「閒情記趣」，其中賞蟲、玩蟲之樂，是否引你躍躍欲試呢？

# 賞蟲樂

## 不同層次的賞蟲活動

### 1.遇蟲賞之

實施隔周休二日後，大家有更多時間從事休閒活動，到野外踏青、爬山、郊遊更是健康經濟的活動。當我們投入大自然的懷抱時，經常會有昆蟲映入眼簾，稍做停留，欣賞其外部形態、觀察習性。這是揭開賞蟲序幕的初階，此行目的是踏青、爬山，賞蟲只不過是整個活動中小小的插曲，自然不需要任何準備。

### 2.覓蟲觀之

同樣從事戶外活動，但有計畫地尋覓隱藏在自然環境中的昆蟲，積極地欣賞外部形態、觀察生態。想做這種層次的賞蟲活動，應該多少在事前吸收有關昆蟲的基本知識。可以準備一本記事本，沿途做一些紀錄，作為將來進一步深化賞蟲樂趣或做科學探討時的基礎。

### 3.賞蟲之旅

對昆蟲已有相當的了解後，不妨專門設計一趟賞蟲之旅。這時必須充分地閱讀本書內容，先確定賞蟲活動的目標，如想去看

仔細觀察可以找到住在朽木裡的鍬形蟲、白蟻。

螢火蟲或獨角仙或7月分發生的眾多昆蟲；其次需要考慮賞蟲地點、行程、時日，並按照目的不同準備相關項目，包括需攜帶哪些裝備，如照相機、攝影器材、放大鏡或採集用具，更可當場以活昆蟲為對象，設計簡單實驗，如此可更深入了解昆蟲形性。

### 4.教育性賞蟲

昆蟲是非常理想的中、小學教育資源。因此師長、父母若有機會帶中、小學生或幼稚園孩童到野外郊遊遇到了昆蟲，應該乘機訓練他們的觀察力、想像力，甚至以發現的昆蟲當材料進行科學教育，如此，小朋友會發掘出昆蟲的可愛及有趣之處。

### 5.專門研究昆蟲之旅

對賞蟲已有相當經驗的人們或正在大專院校攻讀有關昆蟲學課程的學生，為了搜集昆蟲標

知性的賞蟲之旅。

植物刺傷或蟲
螫，著運動鞋或
休閒鞋。

②衣服不要
太鮮艷，更不要
使用香水或有香
味的化妝品，避
免蜂蚋慕香親色
接近，因而受
害。

③戴有邊的

本、學術研究而需要往戶外活動
時，更需要事前嚴謹的規畫。然
而正式的昆蟲學課本或市面上販
售的書籍，並無這方面的詳細資
料，尤其是有關戶外各處昆蟲的
發生地點、賞蟲現場導引，本書
彌補了這項缺憾。如進行實質的
野外研究，而本書不敷所需時，
可附回郵信封至「台北市濟南路
一段71號‧成功高中昆蟲博物
館」，筆者當竭盡所能解答。

### 賞蟲的準備

　　如果以賞蟲為主要旅遊活
動，或做更精細的觀察研究，便
需留意該有的裝備。

### 1.貼身裝備

①穿長袖、長褲，以免被有刺

一趟安全愉快的賞蟲之旅，需留心該有的準備。

帽子防止日曬。

④攜帶簡易急救包，如紅藥水、氨水、蟲螫用藥膏、止血帶等，不可使用尿液代替氨水。

⑤帶背包，內放餐點、水壺；再帶一個腰包放鑷子、放大鏡或攜蟲容器。

⑥口袋放筆記簿、筆。

⑦如想拍攝生態照片，需帶照相器材。

## 2.安全事項

賞蟲經驗豐富後，就會想進入深山幽谷裡探訪，甚至半夜三更摸進黑森林中，尋覓夜行性怪蟲，此時更需要特別注意安全。

台灣仍有許多無紀錄的昆蟲，故賞蟲時需注意安全。（左慈思◎攝）

①在山區行走應走路面，盡量避免深入無路的大草叢或森林內。如有需要離路穿入密林中，先以竹棒等振打行進路線，藉以驅蛇。白天在台灣山野行走，被蛇咬傷的機率不大，頂多看到無毒蛇橫貫山路，不足為害。

②如遇到虎頭蜂貼近身邊飛行，表示已進入牠們的警戒區，絕不應再前進，須立刻掉頭或繞路。

③被危險昆蟲咬傷時的處置：

‧蜂類或蚋類：毒針留在皮膚時，不要用手指拔出，以免擠壓毒液再次灌入皮膚，應改用髮夾或硬葉片挑出來，並馬上塗氨水後冷敷。如出現發熱、噁心等症狀，須盡速送醫。

‧毒蛾、有毒毛毛蟲：用鑷子一根一根夾出毒毛，或用肥皂水洗淨。患部塗抹抗組織胺軟膏等，如嚴重到出現溼疹應就醫。

‧蛇咬：被毒蛇咬傷時，在皮膚上會留下明顯的1對小傷口，應立刻在傷口靠心臟處，如手指被咬即在手腕，小腿被咬即在大腿，以繩帶綁緊，阻斷蛇毒隨血液流進心臟，而輸送到全身。再以刀片切開傷口，以嘴吸出含毒血液後吐出。由於蛇毒為一種蛋白質，只要口腔沒有傷口，入口再吐出，對人體毫無傷害，萬一吞下些許蛇毒，也沒有什麼關係，因為蛇毒遇胃酸會被分解。以上動作處置完畢後，再盡速送醫院打血清及其他必要的醫療。

有蝴蝶的地方就會聚集其他昆蟲。

### 遇見昆蟲的要領

除了根據本書提供的資訊前往賞蟲地點外,若能掌握以下要領,即使在住家附近都會有驚奇的發現。

#### 1.有蝴蝶的地方,通常有其他昆蟲

蝴蝶展翅在空中飛翔,很容易發現,追蹤蝶影,將會發現牠們停棲採食的花叢、樹幹;那兒聚合了蜂、虻、金花蟲、金龜、晝行小蛾一起採食,還常有螳螂藏身花朵葉片下,想伺機捉小蟲吃。尤其有數隻,甚至成群蝴蝶聚集的地方,必有更多各種各樣的昆蟲擠在一起。

#### 2.植物葉片上有毛毛蟲、食痕或糞便

色彩鮮艷或形狀恐怖的毛毛蟲,通常敢大膽停在葉片上,因為牠們「可能有毒」的樣子會嚇退天敵,用放大鏡細看將會發現牠們的造型、色彩、斑紋頗有藝術感。昆蟲嚙食葉片留下來的缺口叫食痕,很容易發現,但卻看不到蟲跡,原來牠們靠保護色或

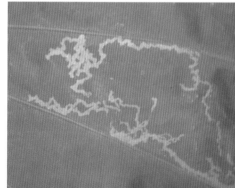

葉片上坑坑洞洞的食痕。

上、下圖均是葉肉被啃食後留下的食痕。

山路邊的花叢蘊藏豐富的蟲相。

山邊的草叢住著一大堆直翅目昆蟲。

擬態，融入環境中，或是藏在樹縫、土根或較遠處茂密的樹叢中，黃昏後才爬出來進食。

### 3.從植物相判斷

有山有水、植物種類很多的地方（尤其前述的原始林、野生林），不但昆蟲種類多，數量也多。如果有些植物正在萌芽，有些在開花，有些已結果，就能吸引更多不同種類的昆蟲聚集在一起。

### 4.水生昆蟲尋找要領

觀察水生昆蟲必須選擇適當的水域。大規模而且水很深的湖泊、江河，昆蟲很少。但若其邊緣很淺，水流不急，而且有茂密的水生植物時，則另當別論。所以池塘淺淺的，靠岸邊密生水生植物，水域中央留空，最易集蟲。如果植物相單純，例如水

面浮滿滿江紅、布袋蓮，也會有數量多但種類少的昆蟲。

最理想的水域是水生植物層次分明地做立體分布，有緊貼水底的、懸掛在水中的、浮在水面的，再加上著根於水底土壤中而枝條伸出水面將葉片支撐在空中的植物，那麼絕對有非常豐富的水生昆蟲。

流經茂密雜草區的小溪流，是水生昆蟲的良好棲息地。

在水域上空飛行的昆蟲，如蜻蛉類、蜉蝣類及在水面上滑行的水黽很容易看到。在水中生活的龍蝨、紅娘華等，則必須等牠們將尾毛突出水面

吸空氣,或者拿竹棒稍稍搖動水草使牠們現身。生活在水底的水蠆等從水面根本看不到,通常必須用水網捕捉。

水越淺的山中小溪流,越容易發現水生昆蟲,牠們通常躲在溪流底的石塊下,翻過石塊背面,就可以看到小昆蟲吸附其上。即使溪流水急,也有專門適應水流速度的水生昆蟲。溪流邊緣水流緩如池塘的靜水時,另有一批不同的水生昆蟲,牠們躲在水底的泥層、砂層裡。

夕陽西下後,夜行性昆蟲的舞會即將開演。

沿山路邊的排水溝、農耕地附近的溝渠,即使面積很小,只要不受汙染就有昆蟲。梅雨過後不久或連續下雨,形成的臨時性水窪,也可見到小型水生昆蟲,甚至蝌蚪棲息其中。

路燈的位置越良好,慕光而來的昆蟲越多。

總之,觀賞水生昆蟲,不能只站或坐在水邊看,絕大多數種類,必須稍微動動手,驅蟲顯身。想要進一步觀察牠們真正奇妙有趣的生活習性,必須採一些活蟲帶回飼養,幸而水生昆蟲飼養容易。

### 5.夜間燈下賞蟲地的選擇

住在郊外,尤其在山區中過夜時,常在路燈或房屋內外燈火附近看到昆蟲。那是晝伏夜出且有趨光性的昆蟲,如飛蛾、甲蟲、蛇蛉,以及少數日間也活動同時也具有趨光性的昆蟲,如蟬、螳螂等。然而並不是所有野外燈火下一定有昆蟲聚集。如果只有一盞路燈面臨著密生樹木的山壁,當然一定會有很多昆蟲聚集;但沿路設置整排路燈,昆蟲只會集中在其中幾盞,尤其是立在轉彎處者,或是該盞路燈已有幾隻昆蟲繞行,陸續引來其他昆蟲加入夜舞行列。另外如果路燈

背側有白色牆壁或刻意懸掛白布，則有更好的聚蟲效果。

此外，太陽初升時，也可以巡視山區旅館的走廊、廁所的燈光，將可看到來不及回森林而靜靜地停在那兒的昆蟲。

### 6.螢火蟲的棲息地

夜行昆蟲中，賞螢是另一種完全不同的形式。如果沒有專家或熟人帶路，必須白天先勘查路線、地形、地物。由於螢火蟲出沒地絕不會有燈火，因此在夜晚持手電筒到預定賞螢地點後，先看看站立地點附近情況是否平坦安全、有無毒蛇等。如果一切沒有問題就熄火，當眼睛開始適應黑暗時，螢火蟲的光點會一一出現。

想要在野外找賞螢場所，應先了解適合螢火蟲棲息的環境，再進一步排除對螢火蟲生活產生障礙的不良因素的場所，由於螢火蟲對周遭生活環境極為敏感，因此昆蟲學家都認為螢火蟲是環境生態好壞的最佳指標。

### ①適當的水域或潮溼的林間

最理想的是草澤、淺淺的溝渠或小池塘、緩流的小溪流，如果是大型的湖泊或江河，其水域邊緣必須很淺且無急流。這些水域靠岸處還得有茂密的草叢，土層鬆軟，有不少小型淡水螺繁衍其間。這一類場所為水生螢火蟲繁衍地。

陸生螢火蟲則生活在茂密的森林，尤其喜棲整年保持潮溼的林間，並有蝸牛及其他陸生小型軟體動物活動。

### ②沒有不良的環境因素

以下幾項因素，也就是台灣地區螢火蟲消失的主因。

‧環境汙染：工廠排放的廢

水生螢火蟲會選擇的棲息地。

陸生螢火蟲喜愛的環境。

氣、廢水、有毒物質，鄰近地區使用農藥都會汙染土質、空氣、水質。

‧整治河床不當：以水泥築成水域、河岸的護堤，使螢火蟲幼蟲失去化蛹場所。

‧山坡地過度開發：使陸生螢火蟲失去棲息地。

‧光害：凡是房屋照明或路燈等人工照明光線可能照射到的地區，會妨礙螢火蟲靠螢火求偶的機制，阻礙交配。

‧外來動、植物入侵：螢火蟲無法在已有外來動、植物繁衍的環境生活，如非洲大蝸牛會侵占可當螢火蟲幼蟲食物的土生蝸牛生活空間，福壽螺霸占土生小型淡水螺生活資源；外來植物布袋蓮進駐水域，迫使土生水生植物不能繁殖，淡水螺找不到食物而死亡，連帶使螢火蟲幼蟲吃不到淡水螺。

台北市為繁華的現代化城市，看似螢火蟲沙漠，但內湖、外雙溪明德樂園內的小山溪等有清澈水源，及遠離人工燈火的地方，目前仍然有螢火蟲。如果在鄉下，有幾片水田，長年不用農藥，久而久之也會開始有螢火蟲。當然這種地方很難找，尤其西半部少之又少。但在東部，如宜蘭靠山區的小規模水田，農民習慣性不用農藥，因此到處有小規模螢火蟲發生。但是這種繁殖區比較不穩定，今年看得到，明年不一定有，只要農民開始使用農藥或改成旱田，螢火蟲馬上從此地區消失。

## 賞蟲時期的選擇

### 1.季節

在台灣，一年四季，連嚴冬都有昆蟲。但是一般而言，春夏高溫季出現的昆蟲種類、數量都

端黑螢的冷光在黑暗中顯得十分神祕。

夏秋之交是最理想的賞蟲季節。

微風徐徐，雲朵輕飄的天氣，適宜賞蟲。

陰暗有霧的日子，昆蟲便躲起來休息。

最多，秋天次之，冬天最少。除了少數昆蟲四季都會現身外，各類昆蟲均有獨自的發生期。例如紋白蝶及瓢蟲四季均有各種態期蟲體。屬於直翅目的各種鳴蟲由春天開始出現，但發生的最高峰是涼爽的秋天。少數昆蟲如平地的黃蛺蝶，只在冬天多見。因此對中小學生及剛開始體會賞蟲樂的人們來說，最理想的賞蟲期是梅雨即將結束時，亦即6月中旬至8月中旬。

### 2.天氣

①一般昆蟲：絕大多數的昆蟲最喜歡在晴天、無風或微風的天氣活動，尤其在高溫季連續下了幾天雨後突然放晴的日子，現身率最高。若整片天空堆滿雲層，看不到任何太陽直射光線時，大多數昆蟲都會躲進陰蔽的地方。

小雨或短暫雨的影響不大，但豪雨或連綿長雨，將失去蟲影。

風勢也會影響昆蟲活動，強風使所有善於飛行的蝴蝶、蜻蜓也消失得無影無蹤，其他昆蟲更幾乎停止活動。颱風來臨時根本看不到蟲影，然而颱風豪雨使土壤含水量飽和，造成躲在土層的眾多昆蟲流離失所，因此難得一

厚雲密布的悶熱夜晚，夜行性昆蟲出沒的機率最高。

見的稀少昆蟲紛紛露臉，慌忙地另找藏身處。但颱風剛過的大自然界，處處隱藏危險，非專業研究者請勿冒險前往找蟲。

②夜間燈下賞蟲：沒有雲層遮月光，在夜間伸手猶可清楚見到五指時，根本沒有昆蟲會聚集燈火。不下雨、密布厚雲、無風或只有微風吹送、悶熱的情況是最理想的，但這種天氣也是下大雨的前兆，所以短時間內會混合並匯集形性各不相同的夜行昆蟲，異常熱鬧。雨滴開始落下，牠們馬上慌忙地飛回森林躲藏。

## 玩蟲趣

這裡所說的玩蟲，並不是把昆蟲捉來當玩具玩弄，而是指去觀察、飼養。初學者到了野外，通常只用眼睛欣賞牠們外表的美醜或顯現出來的有趣行為，但是如果能用「心」觀察時，便可以看得更深入。若進一步在野外現場，以活體昆蟲為對象，進行簡單實驗，或者直接把昆蟲帶回飼養，則有更充裕的時間進行詳盡觀察或複雜實驗，那麼即使是一隻常見的昆蟲，必將呈現意想不到的奧妙生命現象。如此賞蟲活動不僅提升到另一層次，它也是一項昆蟲行為、生態學術研究的基礎。

昆蟲雖小，然其奧妙的生命令人嘖奇。圖為青花天牛。

## 用心觀察

「觀看」是用眼睛看，用感覺看，看過後留在腦海的只是對該事物的感覺而已。「觀察」是用心看，用理性看，看過後在腦裡已經印上了事物的具體形性。

對初入賞蟲領域的人們，抬眼看到一對美麗的蝴蝶在空中談情說愛，也是一種享受；但是最好慢慢培養用心觀察的習慣，去體會昆蟲更多的情感。

單純觀看昆蟲的可愛、美麗，也是一種享受。左圖為台灣肩鍬形蟲，右圖為交配中的霜紋天蛾。

## 復原的採集和攜帶

### 1.採集用具

有捕蟲網及鑷子就夠了，如果不採蝴蝶、蜻蜓的成蟲，甚至不需要捕蟲網。專業捕蟲網在儀器行可買到，也可以選擇網底較深的大型捕蝦網。

### 2.攜蟲用具

一般昆蟲用小塑膠袋、紙盒、小管瓶即可，但具有強大的咀嚼式口器及力氣很大的昆蟲，如甲蟲類的獨角仙、天牛、鍬形蟲等則必須放在堅固的容器中，且緊封蓋子，否則牠們會設法頂開蓋子逃跑。

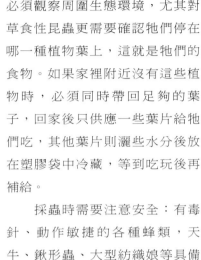

最理想的小型昆蟲攜帶容器是，裝底片用的圓筒。在蓋子上用尖物刺穿小洞作為通氣孔，容器內放些紙條或柔軟小葉片，攜帶時不會讓牠們在裡面亂滑亂撞。

### 3.注意事項

通常是由野外採集成蟲、蛹、幼蟲或卵帶回飼養。這時候必須觀察周圍生態環境，尤其對草食性昆蟲更需要確認牠們停在哪一種植物葉上，這就是牠們的食物。如果家裡附近沒有這些植物時，必須同時帶回足夠的葉子，回家後只供應一些葉片給牠們吃，其他葉片則灑些水分後放在塑膠袋中冷藏，等到吃玩後再補給。

採蟲時需要注意安全：有毒針、動作敏捷的各種蜂類，天牛、鍬形蟲、大型紡織娘等具備厲害大顎的昆蟲需要小心採捉。用大拇指、食指由背側從左右緊捉胸部即不會被咬住。密生長毛的毛毛蟲都是蛾類幼蟲，不一定有毒，但預防萬一，最好使用鑷子夾採。

蝴蝶、蛾、蜻蜓等有

捕蟲網是基本而簡便的採集用具。

採集具有大顎的昆蟲需要一點技巧。

經過飼養、觀察，才能徹底了解昆蟲生態。

大片翅膀的昆蟲，則用長方形紙張摺成三角紙，將翅膀合併後包在三角紙內。

溫和的草食性昆蟲，可以將多隻同時放在一起；但肉食性昆蟲、好鬥的甲蟲最好個別分開，以免互相殘害。

攜運過程中最需要留意的是，容器內的溫度。如果使用紙盒、木箱還好，若是用塑膠盒、塑膠袋，即使已開了通風孔，在炎熱的夏天，容器內的溫度還是會不斷上升，要經常打開容器口通風。也不要放在陽光曝曬的汽車內，最好是在攜帶型冰箱內放冰塊或冷媒，把裝有昆蟲的容器放入冰箱內，昆蟲的通性是耐冷而不耐高溫。

## 飼養方法

親手飼養昆蟲，才能夠徹底了解牠們變態生涯的奧妙過程，同時也可以觀察到昆蟲奇特的行為習性。在飼養過程中，我們不但可以培養觀察力，牠們也會像寵物一樣帶給飼養者無限的樂趣。

### 1.飼養容器

可以用來飼養昆蟲的容器很多，有各種紙盒、木箱、廣口瓶、玻璃瓶、熱帶魚飼養槽及專

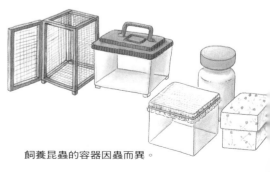

飼養昆蟲的容器因蟲而異。

門為飼養昆蟲設計的昆蟲箱。

　　容器種類因蟲而異，草食性、性情溫和的昆蟲，如蝴蝶幼蟲可用紙盒；身體堅硬、力氣很大的甲蟲，則必須養在硬質塑膠、木質或玻璃製的容器。

　　容器裡面盡量布置得和所養昆蟲原先的生活環境一樣，停在葉片上不斷吃葉子的昆蟲，則直接放進葉片即可。

　　肉食性昆蟲，尤其是凶悍的昆蟲，不要很多隻養在一起，最好是雌雄1對。草食性昆蟲就可以

容器裡盡量布置得如同昆蟲原先棲息的環境。

水族箱可以飼養很多種昆蟲。

放心地擠在一起飼養。

### 2.食物

　　昆蟲的食物由其口器類型可以大概判斷為肉食、草食或專吸液汁，至於到底吃什麼就很難一眼看穿。事實上台灣產昆蟲數萬

種中，人類已知道其生活史、食物種類的寥寥無幾，尚不及千分之一。

　　因此除了少部分常見昆蟲的食物，可以由學術資料查出外，必須在採集種原時仔細觀察。以草食性昆蟲而言，牠們停棲的植物通常就是食草。在地面或飛行中採集的昆蟲，不知牠們的食草時，應將牠們出沒地區的各種植物葉子各採一片，雜放於容器中，牠們會自己選食。萬一尚不能找出食草，可以先稀釋蜂蜜餵牠們一小段日期，再繼續去找其他植物供其嘗試。

　　肉食性昆蟲的食物通常只要比牠們小的動物多半可成為食物。但如蜻蜓必須在飛行時才能捕捉小昆蟲為食物的昆蟲，即使放許多蠅蚊在附近，牠們也無法捕捉，這時需用鑷子夾住小動物

餵入口中。如果一時無法採捉活的小動物時，通常可用小魚乾或小蚯蚓餵牠們。肉食性昆蟲別忘了給水。

草食性昆蟲停棲的植物，通常就是食草。

野外套網飼蟲法。

### 3.注意事項

飼養時最應留心的是溼度。人工飼養器放置一周以上容易過分乾燥，尤其夏天更需注意，否則昆蟲很容易死亡。保持溼度的方法是用噴霧器噴些水，此時水分淋到蟲體也沒有什麼關係。

在一個容器中飼養很多昆蟲，而且時間較長時，要隨時清除昆蟲排出的糞便。若昆蟲糞便排在土中不易分離，養了一段時間後，要把所有土壤全部換新。

飼養容器通常放在通風良好、陽光不會直射的地方。

### 4.野外套網飼養方法

不特別設置容器，將昆蟲放在食草上或野外自然環境中，以紗網等套蓋，養於其中的方法更理想。也可以將有關植物由野外移植到家中院子裡或花盆裡，再以紗網套蓋，將昆蟲養於其中。此時花盆也盡量不要放在有太陽直射的場所。

①用紗布包裹樹枝，內放昆蟲。②用紗網直接罩住野草。③用紗網套住盆栽，放在野外。④大型容器上覆蓋紗網。

# 容易飼養、觀察的實例

白粉蝶在寒冬尤其常見。

## 白粉蝶

### 1.概況

是一種到處可見的最普通蝴蝶，甚至台北市內也能常見。牠是十字花科蔬菜的害蟲，炎熱的夏天較少外，任何時期都可看到各種世代的個體，尤其寒冷的冬天最多，是蝴蝶中最容易飼養的一種。

### 2.採集

成蝶在甘藍、白菜等十字花科植物葉背產卵，但卵小，不易發現，其幼蟲較容易發現。採到了卵或幼蟲，可以連葉放入塑膠袋後帶回。春夏時避免陽光直接曬到袋子造成溫度過高，使蟲子死亡。

也可將甘藍、白菜等種植在院子或花盆中，於秋冬放置在陽台、屋頂，即使在城市內也能引誘雌紋白蝶來產卵。

或將甘藍等放入飼養箱中，採集雌蝶放入其中設法使其產卵，取得種原。

### 3.飼養

幼蟲可以在紙盒中，以養蠶方式飼養，每天供給由市場買回的甘藍菜葉子，但最好還是用飼養箱。將甘藍或小白菜種在花盆裡，整株放入飼養箱中。

飼養箱放在窗邊明亮處，避免太陽直射。在蔬菜園直接採葉當食物時，應洗淨殘留農藥。把雌雄成蝶用紗網套在蔬菜上，可讓牠們交配產卵。

白粉蝶正在產卵。

台灣
昆蟲
大探險

剛孵化的白粉蝶幼蟲。

境顏色而相差很大，綠色、褐色、混合色，在何種情況下產生？

### 5.其他蝴蝶的飼養

只要查出幼蟲食草名稱，並能找到食草，原則上可以沿用飼養白粉蝶方法飼養其他蝴蝶。

### 4.觀察

①各態期所需日數？幼蟲脫皮次數？

②幼蟲每天生長的比例如何？脫皮前後身體長度大不相同，相差比例多少？

③蛹的顏色因其著生處的環

②

③

①

④

栽種食草，即可吸引成蝶來產卵。①澤蘭、②油菜花、③馬利筋、④紅馬纓丹。

## 避債蛾

### 1.概況

避債蛾在臺灣各處均很普遍，是農作物或樹木的害蟲。牠們由卵孵化到蛹，無時不躲在巢中。

避債蛾幼蟲、蛹、雌成蛾，都住在巢中。

巢用樹葉、小樹枝與自己的絹絲混合織成，隨著身體增加而加大。幼蟲吃葉長大，並在巢中化蛹，巢就成了繭。能夠由蛹羽化成蛾而飛出繭的只是雄蟲，雌蟲一生均呈幼蟲態而到了成蟲時期也在巢中生活，雄蟲就飛到幼蟲態的雌蟲處交配。雌蟲受精後不久就在自己脫下來的蛹殼內產下數千粒卵後死亡。由卵孵化的幼蟲，自己爬出巢，找了些葉子自製小巢，背著巢走來走去。

### 2.採集與飼養

避債蛾的幼蟲很容易採集，因種類而食物不同，但每一種至少可以吃10種以上植物，將牠們停棲的樹枝折回插在花瓶就可以了，葉子被吃光或枯萎時再換新枝。當背著巢的幼蟲不動時就表示已化蛹，春天一到，如果是雄蟲即可變成蛾出來。

### 3.觀察

①時常剪開部分巢，觀察牠們各期的形態，觀察完再蓋回去。

②巢在自然界中是用什麼原料？怎樣製作的？可以剪開巢後將幼蟲放在樹枝上觀察；如果將其放在盒中，再放些彩色紙屑、破布或其他零碎東西，看看牠們喜歡挑什麼東西、什麼顏色去作巢？

③把避債蛾的幼蟲放在牛奶瓶

避債蛾幼蟲喜歡用什麼東西做巢呢？

內，牠們的幼蟲有何行動？可不可以越過瓶口到外面？

④將做記號的幼蟲放在樹上，看看牠們移動多少？何時最喜歡活動？

## 大型飛蛾

### 1.概況

如皇蛾、長尾水青蛾等大型美麗的天蠶蛾都很容易飼養。皇蛾是世界上所有蝶蛾中最大型、豪華美麗的種類；長尾水青蛾則是形狀最優雅、色彩最清淡高尚的種類。除了研究生態、生活史、製作標本外，牠們具有很高的經濟價值，因為以牠們當材料所製成的裝飾品、實用品暢銷全世界。在台灣各處郊外山野均可看到。但牠們一經飛出，美麗的翅膀多半會受傷，因此就有人開闢牧場專門飼養，大量供應工廠。

### 2.採集

天蠶蛾科晝伏夜出，因此採蛾必須於悶熱、無光的晚上，利用燈火採集。在野外採到的雌蛾，多已受過精，因此小心地包在三角紙內帶回，放在大型紙盒中，不久即在盒底產卵，通常一周左右即可孵化成幼蟲。

### 3.飼養

皇蛾幼蟲可食用枷冬、芭樂樹、枇杷等，長尾水青蛾則吃楓葉。如果這些樹長在院子或住家附近，可將幼蟲放在葉上，套以

台灣長尾水青蛾的前後翅近中央位置，各有1枚圓形眼斑。

紗網，在自然環境下飼養。如住家附近找不到食葉，可取回枝條插在花瓶上，幼蟲即放在葉上飼養。也可以像養蠶寶寶一樣，在紙盒中放些採來的食葉，但到了終齡幼蟲必須有枝條，上面附有樹葉，如此才可使其順利化蛹。

採皇蛾與長尾水青蛾的卵很容易，一胎卵數也很多，食葉普遍易得，但在生長期間易受濾過

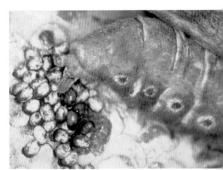

正在產卵的皇蛾。

性病毒侵害，下痢而死。因此存活率不高，尤其大量飼養時需注意幼蟲密度，不可太高；在同一地點樹木不宜連年飼養，如此可以減少病害。

長尾水青蛾的蛹（上）、幼蟲（下）。

在春夏飼養的天蠶蛾，一世代僅2～3個月。但秋末化蛹個體常以蛹越冬，此時蛹期長達半年，至明年春季才能羽化成蛾。蛹需吊在空中，使羽化時巨大的翅膀能自由伸長。

### 4.觀察

①幼蟲生態如何？天蠶蛾一齡幼蟲和高齡幼蟲的顏色、形態有何不同？如何改變？

②如何化蛹？絹絲外需要什麼材料？皇蛾繭由外觀看有兩種顏色，有何意義？

③幼蟲受濾過性病毒侵害，經歷如何？有何病徵？

## 獨角仙

### 1.概況

獨角仙是台灣產甲蟲中第二大型的種類，雄蟲具有長腳，力大無窮。成蟲喜吃闊葉樹樹汁或水果，幼蟲則吃腐植土中的植物性有機物。

獨角仙一年一代，飼養的時間雖長但很容易。成蟲於春夏季節才出現，因力大命長，適合做實驗或小孩玩具。

此外，各種金龜子都可以用飼養獨角仙的方法來養。

### 2.採集

在春夏季節，到了郊外闊葉喬木林中就可以找到成蟲，尤其在朴樹、櫟樹林中較多。更有效的方法是在這些樹幹上塗些糖蜜誘集。也可以在夜間燈火下找到成蟲。

幼蟲喜食腐植土，因此在上述闊葉林樹葉堆積的土層可以找到，

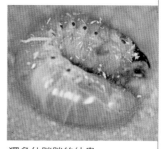

獨角仙胖胖的幼蟲。

但在這些樹林附近農家堆積的堆肥中更易找到。最積極的辦法是在這些樹林內自行製作堆肥，不久成蟲於夜中一定飛來產卵。卵大約與米粒一樣大，顏色也差不多，冬天時可在堆肥中找到越冬的幼蟲，在初春即可找到蛹。

### 3.飼養

準備大型花盆，內放腐植土或由農家拿回來的堆肥，將卵或幼蟲放入其中，即可自行生長。花盆外面必須用紗網套住，並用細繩捆緊，放在暗處即可。如要觀察牠們在土中的生活情況，則放在玻璃缸或養熱帶魚的水槽中，並以黑紙蓋住泥土部分的玻璃，放置黑暗處。觀察時才取出來打開黑紙，幼蟲或蛹都會緊靠玻璃邊營巢。

幼蟲食量很大，直徑50公分的花盆只能養2～3隻，如果盆內土多半成顆粒狀，表示腐植土都被消化過而成糞，因此必須重新換腐植土。幼蟲成熟後以終齡幼蟲越冬，之後就變成樣子很好玩的蛹，到了春天即羽化變成成蟲。成蟲可以用各種瓜類，如西瓜、香瓜，或鳳梨、橙果等飼養，經數日必須換食餌，以免腐

爛使其害病。

### 4.觀察

①幼蟲如何化蛹、羽化？

獨角仙的力氣足以拉動玩具車。

②成蟲力量很大，到底可拉動體重幾倍的物質？如將物體放在小玩具車，讓牠們拉又如何？

③成蟲如何起飛？與蟑螂的起飛形式有何不同？和蝴蝶有何不同？

④為何幼蟲在土中身體能保持清潔？牠的氣孔很顯明，容易觀察、研究。

飼養獨角仙成蟲的容器布置。也可用同樣方式飼養金龜子。

# 鍬形蟲

## 1.概況

鍬形蟲都具有強大而凸出的大顎，強而有力。雌蟲在林中尋找闊葉樹的枯木或朽木，產卵其中。幼蟲齧食腐朽木質長大，通常三齡即化蛹。雄性成蟲好鬥，可供中小學生當全自動的玩具。

## 2.採集

到市郊或山地闊葉雜木林中找枯木或倒在地上的朽

白色軟軟的鍬形蟲幼蟲。

相親相愛的雌雄鍬形蟲。

木，用刀掘開潮溼的腐朽木質部，即可找到白色軟軟幼蟲。成蟲常躲在這些樹木腐朽的小洞中，也可於夜間用燈火或糖蜜誘集法採到。用手採捉成蟲時，以手指由背面捉住胸部，謹防被大顎夾住而受傷。攜運時最好的容器是裝底片用的塑膠圓筒，以錐子打些小洞，使空氣能流通，內放潮溼的衛生紙或腐朽的木材屑，一個圓筒放一隻。幼蟲的破壞力較弱，也可用火柴盒代替。

## 3.飼養

成蟲的飼養器可利用木箱、水槽，放在陰暗處。在容器中放一些由採集地撿回來的朽木，再放鍬形蟲。如想要使其產卵，不宜一箱中放多數個體，最好只放1對交配、產卵。

成蟲的食餌是糖蜜、蜂蜜或瓜類等水果。糖蜜略加水稀釋滴在棉花放在容器中。

飼養期間朽木應保持溼度，太乾燥需用噴霧器噴水。容器上面應用玻璃加蓋，夜間尚需在玻璃上放一些書本，以防偷跑。

要使母體產卵的另一方法是，將腐朽木屑放入容器中加壓使其堅硬，並將母蟲養在其中，如此可使母蟲產卵效率提高，此設施亦為幼蟲的飼養設備。

飼養容器應放在沒有陽光直射的較暗場所。

由卵孵化的幼蟲可在前述木屑層容器中飼養。木屑之間要插入朽木片或小塊，如此幼蟲稍微長大後即可鑽入木片中生活。一個較大容器中可一次飼養多數幼蟲，但如幼蟲活動空間太擠，數隻幼蟲碰在一起也會發生鬥爭而受傷，受過傷的幼蟲多半不能順利變成成蟲。

二齡後食量大增，需不定時

鬼艷鍬形蟲的蛹。

清除含有糞便的木屑，並移入新木屑層或朽木中。

冬天以幼蟲越冬，此時不進食、不活動，故不用特別管理，但需注意保持容器內溼度。

### 4.觀察

①雄蟲大顎特別大而長，雌蟲粗短，為什麼？哪一種適合與敵對動物鬥爭？如何鬥爭？

②雌蟲在朽木上如何產卵？如何隱蔽產卵場所？

③幼蟲化蛹時如何做巢？

### 1.概況

是稻米貯存中的害蟲。由於很容易飼養，世代又短，而且具有很有趣的習性，因此不但很適合做生物實驗、觀察的好材料，也可以當成寵物來飼養。

雌米象在米粒穿一小洞，產1粒卵。幼蟲吃米粒長大後化蛹。羽化出來的成蟲在米粒中靜止不動，經數日後才破殼而出。此時米粒已成中空，成蟲繼續吃米，一生中產卵300多個，可活半年。

成蟲偶爾在1粒米中產下2個以上的卵，但也只能活下1隻，其餘的不知何故會死亡。幼蟲絕不會由這個米粒移至另1個米粒。1粒米只能養1隻幼蟲。

### 2.採集

在農家或米店用鑷子可以很容易找到米象幼蟲或成蟲。如果不便到農家尋找，可以將米放在盒中不加蓋子，移到屋外沒有日曬雨淋處，經過一段時間，米象必會飛來產卵。

### 3.飼養

在培養盤或牛奶瓶中放米及米象，使用瓶子時必須用細金屬網設法緊密地套在瓶口，以免成蟲飛跑。如此米象自然就在飼養容器中繁殖，數量以幾何級數增加。

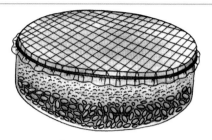

飼養米象的容器，需用細金屬網套住盆口，防止牠們飛跑。

**4.觀察**

①米象生活史受氣溫影響很大，設法調整溫度由10～40度間，觀察其生長速度、死亡率、生態變化為何？

②在200克米中放入20隻米象成蟲，讓其產卵2天後再將成蟲移開，觀察幾天後成蟲會出來？

③米象除了吃米外，也可吃小麥、大麥、玉米。不同的食物是否影響成蟲大小和生長時間？

④在一定量米中放入不同量米象，觀察研究食物與個體數的因果關係。

## 糞金龜

**1.概況**

糞金龜俗稱牛屎龜，雖然一般人對這個名字很熟悉，其實幾乎沒人看過牠的盧山真面目，因為糞金龜多半於深夜活動，且生活在糞堆裡，想看到也難。

糞金龜看來骯髒而低賤，其實是很好的生物實驗材料，因為牠們具有特殊的形態和生態，甚至昆蟲學者也尚不知其中奧妙，尤其臺灣產糞金龜的生態更無人了解。

**2.採集**

①日間目視採集：於雜木林中閒晃時，發現糞金龜出來活動時很容易捕捉，不過這種機會很少。

②夜間燈光採集：於雜木林或牧場附近設燈火誘集。多半糞金龜有趨光性，但此習性尚不及一般甲蟲強。

③尋找糞便、動物屍體、堆肥等堆積處：糞金龜於白天通常不直接鑽在糞便中，而隱居在這些食物地下。因此以工具掘這些腐

爛有機物附近的土壤，即可在地面下20公分以內找到各種糞金龜。

④陷阱採集：利用空罐、小瓶，內放食物埋在地下誘集糞金龜。可用食餌是各種動物糞便、小動物屍體、腐肉、腐爛果實、魚骨等，且因食餌不同，所誘集的糞金龜種類也不同。用鑷子採捉，放在小盒子或小瓶子帶回。攜帶糞金龜最方便的容器是裝底片的塑膠圓筒。蓋子打一些小通風孔，筒內放些衛生紙條。

### 3.飼養

在寬口瓶、花盆或木箱內放土壤，土壤的深度應配合其野外生活時的深度。在土壤上面放一些食餌，再將糞金龜放進去，瓶口處用布及橡皮圈或繩子結緊；如用玻璃瓶子，則應在放置土壤處的外圍用黑布或黑紙圍繞、捆

糞金龜生活在糞堆裡。

緊。不久糞金龜鑽入土中掘一隧道通達食餌。如果食餌太乾或生黴，必須另換新鮮的。土壤不宜太潮溼，但更不可乾燥，因此需不定時用噴霧器噴一些水分。飼養器放在通風良好的陰涼場所，避免陽光直射。如飼養的是大型糞金龜，因其力量大，因此飼養器上面應放木板並用石頭壓住。

如進行的是大規模實驗或純技術性有深度的研究，飼養箱最好埋在土中，如此效果更好。

### 4.觀察

①糞金龜最有趣的生態是部分推丸糞金龜能夠製作育兒糞丸。有些自己鑽在土層中造隧道狀巢，搬運食物到巢中，製成短香腸或魚丸狀糞丸，並產卵其上；有些雌雄合力，在地面上到處搜集糞便，滾成一團，然後掘洞，將糞丸堆入其中，產卵後用土覆

糞金龜有奇怪的臉、獨特的習性。

蓋，以保護幼蟲的安全。牠們的糞丸、巢的形態都因種類而不同，差異何在？如何製作？

②在糞丸中生長的幼蟲和蛹如何攝食？可將糞丸輕輕地剖開，觀察好後再將兩片糞丸合起來，如果不易黏合，則用線或橡皮圈固定，再放回原處。

③台灣產糞金龜的生活史，即使是普通的種類也尚無完整的累代飼養正式紀錄。請觀察其世代經過並發表。

### 1.概況

於春夏季節在郊外雜木林中，常常可以發現一片樹葉由中間處被折斷，葉片前段被捲成圓筒狀，並吊在後半葉前面，捲得又圓又精細，很像春捲，這就是搖籃蟲的巢。母蟲受精後，用很大的精力製作這個巢，並產卵其中。幼蟲孵化出來後即在巢中吃葉子長大。

黑長頸搖籃蟲。

### 2.採集與飼養

將搖籃蟲巢附著的葉子整張取下，帶回家後放在潮溼的砂層上。不久，幼蟲就化蛹在巢中，夏秋時羽化成可愛的小甲蟲。

成蟲出來以後，就以成蟲越冬，到了明年春天產卵。有昆蟲學者曾於嚴冬季節在樹皮下發現過越冬中的搖籃蟲成蟲，但是從來沒有人成功地飼養成蟲，讓其順利越冬產卵。因此搖籃蟲生活史的大部分還是一團謎。

### 3.觀察

在早春，成蟲找到了適合的葉片，就在葉片中央部分，由左右分別從葉緣咬裂葉片，而只留葉脈。奇怪的是，牠們並未測量，卻能正確地將葉片剪開，末端會合在主脈左右。葉片剪好後，再咬傷接合處主脈，結果葉子的前半部就垂在後半部的前面。接著牠就在前半部

搖籃蟲造巢的過程及做成的巢（右圖）。

葉片到處咬傷葉脈，使前半張整個葉片柔軟，易於摺捲。於是母蟲以葉脈為中心，將前半張葉片捲疊成一半，再利用牠那很長的頭，巧妙地由葉片前端開始捲，捲了一小段就產卵於葉片，再繼續捲使它像一個短短的春捲，一直捲到主脈被切斷處。全部捲完了以後再將突出來的多餘葉片，摺疊插入葉捲中，使之不易再分散展開。整個工程約需1～2小時。

當我們觀察這個造巢的經過時，不禁感歎這隻小蟲巧妙的技能，並以為牠真是個聰明絕頂的小動物。其實牠們並不是一面想一面工作，而是全靠與生俱來的本能。假如將工作中的成蟲拿掉，換另一隻成蟲上去，甚至將工作中的成蟲捉離造巢現場，經一段時間後再放回原工作中葉子

上時，都不能繼續完成工作。牠們由祖先承傳的造巢本能是一套連續性的工作，因此無法在工作中途停下來再繼續接著工作。牠們也不會想到產下來的卵將來如何或所造的巢是為了綿延種族命脈。

搖籃蟲在台灣種類也不少，有些會在竹林中用竹葉造巢，每一種有牠們特定的食物。請收集各種搖籃蟲巢，觀察其幼蟲，並看看變成哪一種成蟲。

紅搖籃蟲。

## 瓢蟲

### 1.概況

瓢蟲很像鋼盔，呈可愛的半球形，有些有美麗鮮艷的色彩。生活範圍很大，由城市內的小院子、農場到原始森林都有。有草食性，也有肉食性，生活在麥

龜紋瓢蟲。

田、蔬菜園的草食性瓢蟲都是農作物害蟲；但生活在果樹園的肉食性瓢蟲，多半會捕食蚜蟲，屬於益蟲。也有吃菌類的瓢蟲，這些則與人沒有利害關係。

### 2.採集

在春夏季節到蔬菜園、麥田、雜木林邊緣，很容易找到瓢

瓢蟲常群棲一處越冬。

蟲。翻開葉子背面，凡20～40個聚集在一起呈橢圓形的多半是瓢蟲卵群。採卵時需要連葉子一起採回來，假如葉子附近有蚜蟲，那麼一定是肉食性瓢蟲，將這些蚜蟲一起帶回。如果是草食性瓢蟲，而幼蟲所停棲或被產卵的葉子（食草）在自己家附近沒有，便需要多採些葉子放在塑膠袋中帶回，貯存於冰箱。

### 3.飼養

大型玻璃培養皿或燒杯可當飼養容器。在容器底放些潮溼的吸水紙或衛生紙，將瓢蟲連同葉子放入其中。肉食性瓢蟲在葉子上面應該放蚜蟲，且在飼養期必須充分地供應蚜蟲，否則可能發生自相殘殺、弱肉強食現象。如蚜蟲不夠時可供應蜜蜂幼蟲、雞蛋蛋黃、蠶蛹粉等動物性蛋白質。由卵孵化的幼蟲食物都與成

蟲相同，因此可依成蟲食物供
給。

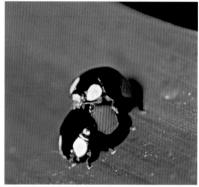

正在交配的姬紅星瓢蟲。

## 水生昆蟲

### 1.概況

水生昆蟲多半是肉食性，想
短期飼養是很簡單，但要觀察一
種水生昆蟲的整個世代，卻是一
件很不容易的事。

水生昆蟲不像魚類，一輩子
生活在水中，會有一段時期離開
水或隨時可以暫時離開水生活，
以其生活面剖析可分成下列幾
類：

①只有幼蟲時期在水中生活
者：蜻蜓、蜉蝣、蚊、虻、豆
娘、水生螢火蟲等。

②幼蟲、成蟲均在水中生活
者：龍蝨、牙蟲、紅娘華、水螳
螂、田鱉、松藻蟲等。

### 4.觀察

①收集各種不同的瓢蟲研究其
習性、生態，哪些是害蟲？哪些
是益蟲？

②一隻肉食性瓢蟲由卵孵化到
成蟲需要多少蚜蟲當食餌？一隻
成蟲一天可捕食幾隻蚜蟲？要進
行這個觀察時，可將瓢蟲一隻放
一個飼養皿中，再取附有蚜蟲的
葉子用毛筆一方面算數目一方面
將蚜蟲刷入皿中。

③幼蟲和成蟲均在水面上生活
者：如水黽等。

水生昆蟲的共同特徵是，任
何種類的幼蟲均不能離開水，但
長成成蟲，即使在此時期仍然生
活在水中的種類，也都有翅膀，
可以隨意飛離水面。這就是任何
一處新建的小池或水缸，只要有
水，不久就會產生各種昆蟲的原

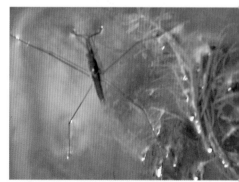

水黽的幼蟲、成蟲均生活在水面。

水薑（蜻蜓幼蟲）鑽入水底泥沙，形成保護色。飼養時，要在容器內放瓦片或石礫，讓牠們有躲藏之處。

因。另一特徵是，水生昆蟲呼吸器官的構造和陸生昆蟲不同。其中如紅娘華、田鱉、蚊子幼蟲常常浮出水面呼吸；蜻蜓、龍蝨的幼蟲則具有能在水中呼吸氧氣的鰓；但到了成蟲，所有昆蟲不再具有這些構造，而一律以氣管呼吸。其中以鰓呼吸水中氧氣的種類，較難飼養，飼養槽中的水稍被汙染就能奪去這些昆蟲的生命。但田鱉、水螳螂、牙蟲、龍蝨等很容易飼養，不需精密設備或高深技術，很適合中、小學生飼養，藉以觀察研究。

各種水生昆蟲中，在台灣最常見、最容易飼養而且可說是水生昆蟲代表的是龍蝨類。龍蝨在台灣有10餘種，體長由1～4公分，各具不同的色彩，但都是扁扁的紡錘形，腳具長毛，便於划水，很容易和其他昆蟲分別。

下面列述的是一般水生昆蟲的採集與飼養，但個別細部的飼養設備與技術，希望讀者經過思考、改良或創造，切勿被本文介紹範圍所限制。

### 2.採集

緩流或靜水，水中長有很多種植物的河川邊緣、池塘較多。利用細格子的捕魚網，或自己用耐龍紗布製作淺底捕蟲網連接長竹竿在水中搖採。特別在水草處或池底泥層中，需要多次採集。

也可以利用較大的尼龍紗布，以竹片支撐四邊，用繩子吊起，沈在水底，網上放些動物質食餌如柴魚片，等一段時間，小魚與水生昆蟲被誘進網中爭食時，突然將網升起來即可。

幾乎所有水生昆蟲成蟲都有趨光性，因此在夜間，於池塘或溪流邊，進行燈光採集更能收集

各種水生昆蟲成蟲。

### 3.飼養

必須有一個盛水容器，最理想的是飼養熱帶魚的方形水槽；此外養金魚用的圓形水缸，用塑膠或磁土所做的大型水缸都可以使用；如自家院子有一個小池更好。

水生昆蟲飼養容器的布置。

在飼養容器底鋪些乾淨的砂層，砂層上放木塊、種些水草後盛水，水面上浮些木片或在砂層插上樹枝使其突出水面。露出水面部分最好放些水苔，讓成蟲也可爬到上面休息。

飼養龍蝨等，因其能夠浮出水面呼吸，所以對水質的要求不嚴，但其他水生昆蟲，即需要像養熱帶魚一樣小心，水最好採自河流或池塘，如果要用自來水，最好放置一天後再將昆蟲放進去。另外為了保持水清潔及補給水中養分，最好能夠有送氣設備。這種全套設備在熱帶魚販賣店出售，價錢並不太高。養一些以鰓呼吸的昆蟲，這個設備更不可缺少。

只要飼養用水沒有汙染、腐敗，倒不用常常換水。飼養的個體數多，或供食用的動物屍體殘渣不清除，即較易汙濁，需常常換水。

在一個槽中最好只飼養一種，而且大小也盡可能差不多。不然會發生弱肉強食，甚至同種自相殘殺的情形。

飼料因種類而不盡相同，但通常都是肉食性，在自然環境中，大型水生昆蟲捕食小型昆蟲或小魚。在飼養槽中供應由熱帶魚店買來的活的紅蚯蚓、水蚤最方便，也可以買小魚乾，用線吊在水中供食。剩下的食物殘渣，盡量及時清除，不要一時放太多，任其在水中腐爛。

如飼養的是龍蝨、田鱉，因其夜間常喜展翅飛出水面，故飼養容器需以紗網蓋住。

田鱉會在夜間偷偷展翅飛出水面。

各種水生昆蟲中，只有牙蟲類食性稍微不同，牠們喜歡吃動物腐屍和水草，因此和其他水生昆蟲一起飼養時可清除腐物，但同時記得多放一點水草。

### 4.觀察

①各種水生昆蟲如何呼吸，其呼吸方法與呼吸器官的構造有何關聯？

龍蝨由水面上帶在身體潛水的氣泡，不但直接供應牠們在水中生活時所需要的氧氣，而且也會把水中所含氧氣取入氣泡中以補充因呼吸減少的氣泡內氧氣，這就是龍蝨能夠靠那麼小的氣泡在水中維持長時間呼吸的原因。

②研究並比較各種不同龍蝨，一次能潛水幾分鐘？

③各種不同水生昆蟲，各以何種方法覓食進餐？如何使用腳在水中游泳？

### 1.概況

螞蟻雖然到處可見，但其巢多在土中，故巢內生態很難觀察。因此唯有自己設法飼養，才能看到牠們巧妙的社會組織、造巢能力和生活情況。

具有產卵能力的雌蟻，通常稱為后蟻，在地底深處

有些種類的螞蟻築巢於樹上。

不斷地產卵。具有翅膀的雄蟻也住在土下巢中。雄蟻和新后蟻唯有在生殖期間，離開蟻巢飛向天空交配。交配完後，受精的后蟻則鑽入地中造巢生育，雄蟻不久死於野外。平常我們常見，沒有翅、天天工作的是失去生殖能力的雌蟻，叫作工蟻。但是這些工蟻有時也能產卵，因此養蟻並不一定要採到后蟻，收集多數工蟻也能飼養觀察。

### 2.採集

適合飼養觀察的螞蟻是在山區的黑大蟻或山大蟻，牠們的特徵是能夠排成縱隊搬運食物回巢，採集時必須採捉同種同巢的蟻50～100隻。雖然是同種，如果不是同巢的螞蟻，可能會發生爭執而不易完成造巢。

### 3.飼養

飼養螞蟻的容器，最好是養魚槽，也可用大型廣口瓶、圓柱形玻璃缸。內部放進溼土，約占容器2/3深，並植小草、放小石、在角落埋小盤代替小池。上面可用玻璃作蓋，但不太乾燥時也可改用紗布，周圍用橡皮圈固定。玻璃容器外圍，在放土壤的高度處用黑紙設法緊密地圍繞，防止光線進入土壤。

食物的種類很多，碎餅、糖、魚乾，凡是不易腐爛的有機物質都可以當牠們的食物；並且盡量選擇多種食物供應。食物應放在小盒或塑膠皿中，避免與土壤直接接觸。一周後可將黑紙拿開，即可看到蟻巢內的通道和房屋。觀察完畢，馬上再用黑紙遮光，不然牠們不會緊靠玻璃面造巢。

### 4.觀察

①除了飼養本群蟻類外，有時捉一些同種不同巢的螞蟻，在背面用油漆做記號放進去後，觀察其後果。

②將飼養箱放在原來採集地點原巢附近，並將箱蓋打開，看看到底會產生什麼現象？

容器外用與土壤等高度的黑紙圍繞，一周後打開黑紙，即可看到蟻巢通道。

## 螳螂

### 1.概況

螳螂外形凶猛，不討人喜歡，但是牠們在農業上是益蟲，可以捕食各種害蟲。除了小昆蟲，螳螂也有吃小蛇、蜈蚣的紀錄。

比螳螂小的蝗蟲，可以當螳螂的食餌。

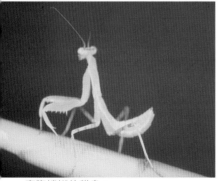

寬腹螳螂的稚蟲。

### 2.採集

螳螂因其行動不靈活，又不擅飛行，因此發現以後不難採捉。螳螂的前腳特化形成了鐮刀狀的捕捉腳。如果是大型螳螂，盡量避免用手直接捕捉。雖然被咬了也不致受傷流血，但很痛。最好使用鑷子，或由胸部後面用手指連同前腳一起捉起。

### 3.飼養

螳螂可以隨便養在任何容器中，內部應多放些樹枝讓牠們活動。只吃活的小動物，最好是比牠們略小的昆蟲，如蝗蟲、蟋蟀等，蟬和蜻蜓等容易死掉的不太適合。當食餌的昆蟲死後或殘渣應該清除，以維持飼養箱內的清潔。食物應該充分的供應，不然會捕殺同伴。

### 4.觀察

①雌雄交配中，雌螳螂常會把雄螳螂吃掉，為什麼？

②螳螂如何脫皮？

③螳螂如何捕食？將已死的小動物用線吊起，輕輕搖動，牠們會不會去吃？

④螳螂每天什麼時候最活躍？

⑤螳螂的卵粒外有特殊膠囊，產卵行為非常有趣，牠們如何做卵粒？由卵粒如何孵化成幼小的稚蟲？

## 蟋蟀

### 1.概況

在台灣，蟋蟀種類很多，有1公分左右的小型，也有身體長達5公分的台灣大蟋蟀。牠們都會發出美妙的聲音。在日本，蟋蟀已經變成人們的玩伴，到了秋天飼養蟋蟀的風氣更盛，成為百貨公司應景的暢銷商品，幾乎家家都要飼養。台灣南部的小孩，卻不是養蟋蟀來聽聲音，而是讓牠們爭鬥，觀看殘殺的刺激場面。

### 2.採集

蟋蟀類住在市郊農村附近，先找稻稈或雜草堆集處，掀開來，就可以在地面上發現蟋蟀爬來爬去。用捕蟲網或玻璃杯套

好鬥的黑蟋蟀。

住，移入小籠或火柴盒中帶回。盡量避免直接用手捉，尤其是直接捉腳，腳很容易脫落，會影響飼養時的生命。如果在乾田中找到蟋蟀的小洞，可灌水將其趕出洞外，或用小草枝把牠們吊出來。

### 3.飼養

在魚缸或熱帶魚飼養槽或淺木箱內放潮溼的土，深約4～5公分。找一些瓦片或花盆破片，一部分埋在土中，使它形成隱蔽的小空間，好讓蟋蟀躲在其中。假如要飼養較多個體，應該在容器中插一些薄木片或竹片，使其形成較大的平面，用以

黃斑蟋蟀。

增加蟋蟀爬來爬去所需的運動面積。

容器的蓋子需用金屬網或玻璃，因為蟋蟀有咀嚼式口器，如用布或紙做蓋，牠們會咬破逃跑。

蟋蟀的飼料，除了胡瓜等瓜類外，也應該供應柴魚片或小魚乾等動物性蛋白質。瓜類食餌切成片狀，用較粗牙籤或細竹竿串起來插在土上，柴魚片則放在小盤子上。目的是不要使食餌與土壤直接接觸，以免加速腐爛，剩下的食物殘渣需及時清除，更換新鮮食餌。

為了不使土層太乾燥，有時需要用噴霧器噴灑水霧。

### 4.觀察

①蟋蟀的雌雄有何差別？是否雌雄都會發出美妙的聲音？一天中什麼時候最喜歡鳴叫？

②只有雄蟲在場的叫聲，和旁邊有雌蟲時的叫聲是否一樣？有什麼差別？為什麼？

③雌蟲如何在土中產卵？

④有些動物有自己的活動範圍，在昆蟲界中，蜻蜓、蟋蟀都明顯的有這些行為。

現在如圖準備約30公分正方的淺木箱，內放薄土層，四角埋下4個小型花盆，花盆需要露出一半。選擇4隻無傷健康的蟋蟀，在胸部用油漆各做記號放入箱中，用玻璃蓋起來後就可進行以下的觀察與實驗：

·每1～2小時觀察4隻蟲的位置，在同一場所有2隻以上聚集在一起的有幾處？幾次？各占1個棲所的次數有多少？

·每一棲所是住同一隻蟋蟀或者常常更換棲所？

·假如在中央處放一塊食物有什麼現象？如果放到其中一個棲所前又如何？

·牠們居住穩定後再放1、2隻蟋蟀有什麼現象？

·如果後來放進去的是雌蟲，會如何？雌蟲是否也有一定

蟋蟀有自己的活動範圍。

台灣
昆蟲
大探險

的活動範圍？

‧要使蟋蟀相鬥，需要準備被剖成一半的竹片。一端最好有蓋子，在竹片一端先放一隻雄蟋蟀，再由竹片另一端放另一隻雄蟋蟀。牠們一見面就會拚命爭鬥，用雞毛輕輕觸刷蟋蟀尾部，會使牠們鬥志增強。觀察具有什麼形態的蟋蟀較強？鬥爭的結果如何？弱者會不會逃跑？會不會鬥至死亡？

### 1.水生螢火蟲的飼養

①採種與成蟲飼養

在成蟲發生期夜間到產地採種原，通常飛來飛去的多是雄蟲，盡量選擇體型較大、飛翔力較強的。雌蟲不太會飛，通常停在草上並發出較弱的螢光。以捕蟲網套捕後移入採集箱，不要直接捉蟲體。植物體、苔或底網上，雄蟲在側網或頂網附近，到了夜晚即可發光並交配。成蟲不吃固體物，僅吸水分，故不需餵食。

雄蟲交配後不久便死亡，雌蟲即開始產卵，常常拖到數日至1周才完畢。卵產完後不久雌蟲也會死，屍體需盡早移除以免生黴或腐爛。產卵床需放置在通風良

紅胸黑翅螢正在產卵。右圖為成蟲外觀。

接捉蟲體。1隻雌蟲可產數百卵，不應採太多。雌雄飼養比例以2:3較適合。

在飼養箱中，雌蟲喜歡停在好、不會被陽光直射的涼爽場所，並需常噴水霧保持溼度。

最簡便的成蟲飼養及採卵容器是攜帶用採集箱。在箱內放含

水紗布、棉花或人造海綿當卵床，並放些植物枝葉，如此即可在箱中讓牠們交配產卵，但空間較小，效果不是很好。如想要認真飼養，最好做紗網箱，四周和箱底都是紗網，箱內放小盆栽，讓成蟲有停棲場所。另一端放含水卵床，然後再另外準備一個很淺的塑膠盆，盛水數公分，將飼養箱放在水盆上面。

②採卵與卵床設備

卵的健康或成熟度，可在暗室內觀察其發光情況來加以判斷。活卵會發出微弱光芒，其光度隨著成熟而逐漸加強，在孵化數日前光度更強。透過卵殼可以看到在尾端的兩點發光器發光情況，同時卵色也由淡色經過橙黃色最後呈現黑點。接近孵化期，容器應放置在暗處。

卵通常在深夜10點後至次晨5點間孵化。卵床本來就放在盛水

螢火蟲成蟲飼養箱兼卵床

螢火蟲卵床及孵化裝備

- 飼養箱三面圍繞紗網
- 卵床
- 較大容器，內盛水

- 供蝸牛吃的植物
- 瓦片
- 石頭
- 植物
- 化蛹處

土、沙

水

土、沙

陸生螢火蟲成蟲飼養槽

水生螢火蟲成蟲飼養槽兼蛹床

螢火蟲成蟲飼養設備及卵床。

容器上,離水數公分。孵化出來的幼蟲感覺到下面有水,即由紗網縫直接掉落水面,立刻沈入水底尋找適當蔭蔽場所,如瓦石縫躲藏。

各種「卵床」製作材料的優劣點:

· 含水的醫用紗布:重疊紗布4～5層,這種方法容易觀察,但必須每日噴水霧並做管理,否則容易乾燥或生黴。

· 含水的塑膠海綿:使用3～4公釐厚塑膠海綿不容易觀察孵化情況,但不易生黴,容易管理。但是有時幼蟲會鑽入海綿深層無法出來而死亡。

· 放置密生苔類的石頭:最接近自然情況,是沒有缺點的最好卵床,管理也很方便。

③幼蟲的飼養

放置成蟲飼養箱下的盛水容器就是若齡幼蟲的飼養槽。適合的容器是淺色的方形水盤或大型培養皿。容器底層只放石塊瓦片若干,不要放土砂。因為剛孵化幼蟲體長僅有1～1.5公釐,有土砂層或太多小石塊不易觀察,且不

便管理。根據實驗,各種彩色容器中,以黃色最佳。飼養幼蟲的最高密度以每隻有25平方公分的平面空間最好。

黃鬚櫛角螢幼蟲正在大啖蚯蚓。

水溫是否控制得當,對幼蟲影響很大,在高溫季時如大規模飼養,需裝水溫調整機,小規模飼養時則應設法保持水溫,不超過25℃。最容易的方法是把飼養容器放在更大的容器中,並使自來水不斷地在外側容器流放,以降低飼養槽內的水溫。幼蟲對低溫有相當的適應力,因此冬天不必顧慮水溫。

容器內的水,最好是棲息地之水、山中清澈的溪流、池塘水或井水。不可直接使用自來水,如使用自來水必須先設法送氣,

去除自來水中的消毒藥。理想的水質是水中溶氧量5PPM。另外為了供應形成螺殼鈣質之需要，水中應有較多碳酸鈣含量，最好是16PPM，因此在飼養槽下側水內鋪石灰石效果不錯。最適水溫是14～20℃，超過27℃以上不宜。水深2公分左右。

食餌選擇很小的淡水螺，先以清水飼養一段時間，使其吐出汙物後再給幼蟲。幼蟲通常黃昏開始獵食，次日清查螺殼丟棄。此時應注意是否還有幼蟲留在殼內，手持螺殼在水中搖動數下，可把幼蟲趕出殼。食餌殘渣、幼蟲死體必須立刻清除，以免影響水質。如無法供應幼小螺時，可打碎大型成螺的螺殼，取出螺肉，切成小片後投入水中餵食。

為了防止管理不當而水質惡化、水中缺氧情況，放置的石塊中有1、2個讓牠凸出水面，那麼水質惡化時，幼蟲會爬上去避難，並提醒飼主趕緊處理。

較大幼蟲可以移到水族箱、保麗龍空箱等任何可盛水的容器。最理想的是大型但很淺的方形塑膠盆。高度10～15公分即可，箱內放土或砂，最好的土是螢火蟲繁衍地的土壤。土壤布置成至少有水盆1/3面積的小陸地突出水面。土中種些植物，並放幾片瓦

圖中共有幾隻動物？

我猜

我猜

我猜猜猜

謎底 在下頁某一角！

片或凹凸不平的石頭，當作將來化蛹的蛹床。水底最好放一層石灰石或用淡水洗過的珊瑚礁石（水族店有出售）。水中植一些水草，提供當幼蟲食物的淡水螺棲息生活之用。需使用循環過濾器及送氣器。

④飼養幼蟲時的注意事項

・使用循環過濾器、送氣器時必須設法調整強度，避免產生明顯的水對流，使幼蟲和水攪拌在一起受傷。

・移動小幼蟲應使用毛筆或吸管，不可用金屬鑷子。

・大量生產時難免有個體生長差別。如果已有明顯的大小幼蟲產生時，繼續在同一空間內飼養，差別會更擴大，有此現象後，最好按大小細分後個別飼養，如此也可提高存活及化蛹成功率。

⑤化蛹管理方法

成熟的幼蟲不再進食，如飼養槽內附有化蛹場所時，幼蟲會自行爬至化蛹床，鑽入土砂中化蛹。飼養場所缺少溼度時，利用

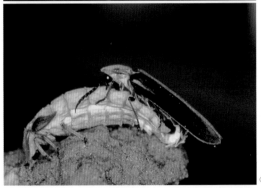

台灣山窗螢的生涯：①剛孵化的幼蟲、②蛹、③交配中的成螢（雌螢為幼蟲型）。

送氣器揚起水霧、提高溼度，可增加幼蟲上陸的機會；或在飼養槽上覆蓋紗布，經常噴水在紗布上以維持溼度。

蛹床溼度、土壤硬度及槽內溫度是化蛹是否成功或將來是否羽化成功的關鍵。一般而言，正要化蛹時溼度要特別高，化蛹後隨時保持溼潤即可。

### 2.陸生螢火蟲的飼養

#### ①設備及布置

陸生螢火蟲的理想飼養槽是水族箱。在箱底鋪鬆軟的土層，並栽種一些小植物，最好都是從

蟲能夠躲入其間隙化蛹，石塊、木片上附有蘚苔更好，當作卵床。整個飼養槽要覆蓋數層溼紗布。

#### ②飼養和管理

飼養槽應放在陰暗涼爽處，設備齊全後，到野外採種原，連同小型軟體動物，如蝸牛等放入槽內。以噴水霧使箱內土壤、植物體上有充分的溼度，但水不要多到使箱內土層凹處形成小水窪。覆蓋在箱上的紗布層也需要噴水，尤其在高溫乾燥期，更需注意箱內溼度。已被吃掉的螺殼

雌（左圖）、雄櫛角螢，雌蟲體型較雄蟲略大。本種十分稀少。

牠們繁殖地帶回；若栽植一些小白菜等葉片有較多水分的蔬菜苗更好。這些植物除了供給成蟲停棲用，最重要的是給幼蟲食物蝸牛等軟體動物吃。另外在土層上放些瓦片、木片、石塊等，讓幼

要清除。

幼蟲成熟時，在準備當蛹床的土砂層以鉛筆或筷子挖小洞，如此可讓幼蟲很容易地經此小洞鑽入土砂層內化蛹。蛹室多在土層下2～5公分處營造。蛹床也必

須保持溼度，但不可以浸水。

### 3.野外螢火蟲的人工飼養

在社區公園、校園甚至私人較大庭院中，如果可以避免人工照明，也可以設法進行人工飼養。面積越大越好，最小也要10坪左右。

①水生螢火蟲

必須有水流不斷的水域，如無法從自然界引入清水，必須抽出地下水。不得已用自來水時，需經過有效的脫氯淨水設備後才可使用。地下水或處理過的水，可藉完善的過濾設備及機械循環應用。

水源最好由大魚池開始，池內飼養魚類。魚池必須有隔網，魚兒游不進螢火蟲飼養溪流，但魚類產生的糞便可流入，使溪水有新鮮的有機物，可作為矽藻類植物的養分。當矽藻繁殖成功時放入淡水螺繁殖，淡水螺繁殖成功再引入螢火蟲幼蟲當種原。這種生態系重建需半年到1年。

螢火蟲溪以寬1公尺以上、深5～30公分左右為標準，做成彎彎曲曲的蛇行狀，並處處有落差。溪內選擇若干處做成深淵或中洲。水底最好鋪珊瑚礁石、石灰岩碎石；水內種些水蘊草等水生植物，水邊種雜草。溪兩旁護岸不要用水泥，使用密排原木或鵝卵石。兩岸土壤不可太硬，可放入砂質調整。岸上依序栽種茂密的草本植物、灌木、喬木，使成蟲有休息、活動、交配的場所。

②陸生螢火蟲

需要栽植許多茂密的樹木，邊緣種灌木及草本植物。靠地面放些瓦片、石頭、木片，並堆積落葉。最好設法有人工溪流，使水域附近潮溼，或在林間設置自動噴霧器，務必保持溼度。然後先放進蝸牛等陸生螺類，再引入陸生螢火蟲幼蟲。如果規模較大，即可栽植軟葉的蔬菜，如小白菜苗，讓蝸牛能夠大量繁殖。

③日本螢火蟲野外飼養成功的案例

日本有不少動物園、公園、學校，進行螢火蟲野外飼養工作，具有代表性的單位如下：

・東京多摩動物園、昆蟲園：設置大型螢火蟲飼養溝渠為主體的水域，配合室內飼養成果，每年養出為數可觀的多種螢火蟲。更突破技術瓶頸，進行螢火蟲「脫季發生」，使園內一年四

蜘蛛是螢火蟲的頭號天敵。

季不分日夜均可觀賞螢火蟲各態期蟲體，已成為日本研究螢火蟲中心。

・東京小平市螢火蟲保育會：小平市有規模不小的民間螢火蟲保育會，主要會員都在自家院子裡進行野外飼養。在市立公園內即有相當規模的螢火蟲飼養水域，每年夏天以此為中心，加上各會員住家所生產的活體螢火蟲，舉辦「螢火蟲之夜」。

・東京笹塚中學、靜岡燒津市立高中等：在校園一角，創設小森林，抽取地下水貯存於大水槽，並開闢小溪流穿越森林。水由水槽流入小溪流後，經過過濾加鈣再抽回大水槽貯存。水量因自然蒸發而明顯減少時，再抽地下水補充。由於水域面積不大，幼蟲食物淡水螺經常不夠，必須靠學生到野外水域採回餵食或買來供養。

### 4.自然界中的螢火蟲復育

「復育」和「野外人工飼養」在意義上完全不同。復育工作是選定適合的空間，設法排除不利螢火蟲繁衍的因素後，以人力協助螢火蟲建立適合牠們自行永續

螢火蟲伴我們度過浪漫的仲夏夜之夢。

繁衍的生態系。當構成該項生態系的各種生態因素趨向穩定並自行運轉時，人們不需要再做不斷引種、餵食或調整溫度等一切飼養管理工作，螢火蟲及其食物（軟體動物）會自行繁衍，構成食物鏈，年年有定數的成蟲發生，並永續維持相當的族群規模。

①復育地的選擇

如果已經有水域，或沒有水域但有清澈水源，可引進，並且排除人工照明的光害及人為汙染環境，那麼從平原到深山均可進行螢火蟲復育。復育範圍當然越大越好，面積太小時所建立的環境中的各項生態因素較不穩定，較難重組具有永續性的螢火蟲繁衍地區。

只要具備了上述基本條件的野外空間，即使目前沒有一隻螢火蟲也沒有關係，可由他處引入種原使其自行繁衍。當然已有幾隻螢火蟲活動的空間更理想，不需花太多經費及精力。

②復育工作的架構

・先調查並了解復育範圍內的生態系中，是否有不利螢火蟲繁殖的項目，如光害、水質、汙

我猜
我猜
我猜猜猜

哇，一二三，木頭人，到底有幾隻雄螢火蟲呢？（佐佐木崑◎攝）

謎底 在下頁某一角！

藻類或有機物質比例過高，雖非化學、腐質汙染，但仍不適合飲用），甚至汙染水質。如果水域或陸上植物群落規模太小甚至根本沒有植物，需以人工增加植栽。植栽目的在陸地上者供成蟲棲息，在水中者有些直接供部分淡水螺食用，有些是用來使水中微細的矽藻等大量繁殖，作為小型淡水螺的食物。落到水域的落葉，不用清除，使其分解產生新鮮的有機物，以供矽藻繁殖用。

至於陸生螢火蟲，需有茂密樹林，林下堆積落葉，經常保持溼潤，供陸生軟體動物棲息。

‧生態環境改善或創設完成後，應先引入可當螢火蟲幼蟲食物的軟體動物。水生螢火蟲吃各

染、不良植物相、溼度不夠，以及有沒有大型外來種軟體動物，如非洲大蝸牛、福壽螺大量繁殖等。只要有一項不利因素無法排除，就必須放棄計畫。

‧加強或創造有利於螢火蟲繁衍的因素：水域中水深約5～30公分，並且需要緩流，以免死水過度優養化（即水中所含的微小

種台灣土產的中小型淡水螺，陸生螢火蟲則吃各種台灣土產的蝸牛及其他中小型陸棲螺貝。經過了半年至1年，這些軟體動物會自行繁殖，不斷增加數量。

此時，鄰近地區發生的野生螢火蟲可能自行遷入復育區繁殖，這是最期望的理想狀況。沒有的話，必須到其他螢火蟲發生地採集種原引入復育區。只要重新籌建的生態系完善，此後便不需要任何人工管理，於是螢火蟲復育即告完成。

③短時間快速增加螢火蟲數量的方法

螢火蟲成蟲發生數是隨時間慢慢增加，原因是：雖然母蟲一次產卵數甚多，然而若齡幼蟲在野外的存活率非常低。不但有不少天敵會不斷捕食小幼蟲，牠們對環境不良因素的抵抗力也相當弱。如果在室內採卵、飼養，等牠們長大到終齡幼蟲，至少也已成為中齡幼蟲時，才野放到野外飼養場或復育區，如此可以大大地提高幼蟲存活率，在短期內便可看到成群的提燈天使閃閃舞

動。

④日本螢火蟲復育成功的案例

在日本，不僅到處有螢火蟲野外飼養地，還有不少地方進行大規模的螢火蟲復育工作，檢視其中成功的案例，莫不是政府鼓勵協助、學者提供必要的知識技術、財團或富人出錢、居民奉獻精神、時間和力量的綜合成果。多項實例中最突出、最成功的是：山梨縣的下部町「螢火蟲之故鄉·再造計畫」。

下部町一色村原為各種螢火蟲大繁殖地，1958年因農藥汙染河川，螢火蟲族群已經完全絕種。其後農產品生產無法獲利，年輕一輩競相離村，村內居民數銳減，經濟更式微。此時有心人欲推動以螢火蟲復興家鄉的構想，於是組織「一色村螢火蟲故鄉復興會」，積極進行螢火蟲的復育工作。

1973年成功地在村內完全禁絕農藥，徹底改進水域水質，再引進螢火蟲種原，讓其在自然界中繁殖，於是螢火蟲數量年年遞增，賞螢遊客也隨著增加。進入1990年代，已成為日本最著名的野外賞螢勝地。以旅遊業為中心的

旅館、飲食、土產販售等事業蒸蒸日上，一色村成為觀光據點，重新帶來生機。在6～7月間螢火蟲大發生期，走在設定的安全賞螢步道，可以觀看數萬隻螢火蟲滿天亂舞的大自然奇景。

⑤台灣螢火蟲復育成功的案例

‧東勢林場：在山溝附近放置腐木、爛草，溝中的水也是乾淨的活水；另有專人每天撿拾蝸牛，棲息地附近也沒有裝設路燈。4、5月間首先登場的是黑翅螢，5～6月是端黑螢，8～10月則是台灣山窗螢，最盛期約在4月底及5月上旬。

‧恆春生態農場：在場中規畫了一處螢火蟲復育區，過程尚稱順利，但有不少成蟲飛出去，故數量並不穩定；後來在種植蘭花的蘭苑，發現許多螢火蟲的蹤跡，且大有定居的打算，農場根據這個現象，另行設置一間室內復育室。

‧新竹登元昆蟲公園：在野外進行，以長條形水域作為復育基地，是台灣境內野外螢火蟲復育最成功的案例。

台灣山窗螢尾部的黃綠色螢光，溫暖了漆清的夜。

# 野外昆蟲的呼喚
## 傾聽

　　漸漸地，每個城市感染了忙碌症候群，你有多久未曾享受「倚仗柴門外，臨風聽暮蟬」那與蟲為樂的優閒？

　　現在，台灣昆蟲樂園重新開放，走一趟賞蟲之旅，解放過勞的身心，你可以找到《愛麗絲夢遊仙境》裡，那隻蹺著二郎腿坐在蘑菇上抽水菸的毛毛蟲哦！

# 面天山蝴蝶花廊

## 特色

距離台北市才10多公里，交通相當方便，是台灣北部的最佳賞蟲勝地。除非運氣不好，否則一年四季都有機會看到枯葉蝶；每年雨乾季交接期，則有青斑蝶大發生。除了各種蝴蝶以外，夏天是賞蟲天堂。平常難得一見的各種昆蟲，將會一一呈現。本路線的步行山道路況良好，全長6公里，非常安全，也不會迷路，是徒步賞蟲的最佳路線。

## 賞蟲情報

### 1.概況

位於陽明山國家公園內，是一條貫穿大屯山和面天山間的美麗小山路，必須步行。沿途盡是翠綠的樹木，可惜真正的原始森林很少，以野生林為主，輔以人造林，共有7科133種蝴蝶的紀錄，整年均有蝶影，當然冬天很少。北部雨季通常會在6月間結束，此時蝴蝶開始增多，在7月分是各種昆蟲及蝴蝶種類、數量的高峰。

蝴蝶花廊是北部最佳賞蟲路線。（柯焜耀◎攝）

# 面天山蝴蝶花廊

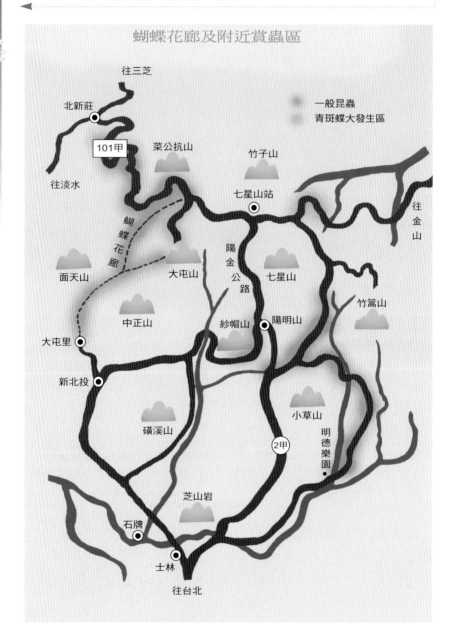

蝴蝶花廊及附近賞蟲區

一般昆蟲
青斑蝶大發生區

往三芝

北新莊

101甲

菜公抗山

竹子山

往淡水

七星山站

往金山

蝴蝶花廊

面天山

大屯山

陽金公路

七星山

竹篙山

中正山

紗帽山

陽明山

大屯里

新北投

磺溪山

小草山

明德樂園

2甲

芝山岩

石牌

士林

往台北

## 面天山蝴蝶花廊

如果沒遇到大颱風，從春天到秋天隨時有相當多的蝴蝶，陽明山國家公園管理局成立後，對現存蝴蝶族群確有保護作用，但並沒有進行積極的蝴蝶復育工作。在此情況下，因遊客暴增，蝴蝶越來越少，有鑑於此，近年來管理局遂將蝴蝶花廊名稱從路標刪除。儘管如此，此地仍然是台灣北部最佳的賞蝶場所。因此不少賞蝶人還是堅持稱它為「蝴蝶花廊」，也藉此提醒當局對蝴蝶不僅要保護，還需進行復育。

除了蝴蝶，夏天時其他各種昆蟲更多，空中隨時可以看到各種蜻蜓、蜂類，樹林中不但蟬聲震耳，草叢裡也隨時可以發現竹節蟲、蝗蟲、蟋蟀等，也會遇到各種甲蟲，如金龜子、瓢蟲、鍬形蟲，是觀察各種昆蟲生態的最佳研究場所。

### 2.賞蟲路段

由於植被不同，明顯地形成了4種不同類別的生態環境，各路段的昆蟲相對地也有很大的差別。

①第1路段：從停車場至舊中興農場間，是全程唯一平緩的上坡路段。構成本段景觀的主要植被是標準的亞熱帶闊葉雜木森林，少有非常高大的喬木，但極為茂密。山路貫穿大片森林，因此即使是炎熱的盛夏，在樹蔭下漫步賞蟲，也很涼爽舒適。

春夏期間，有中密度的蝶群在此活動，最常見的是鳳蝶及斑蝶；最難得的是可以找到以擬態樹木枯葉聞名的枯葉蝶，只要天晴無風，幾乎一年四季都會出現。夏天一定可以遇到台灣最大型的無霸勾蜓，牠會沿著山路，在同一路線來回巡邏飛行，迎面飛來時只能看到發亮的金綠色大

竹節蟲隱藏在樹葉上，要睜大眼睛尋找哦！

# 面天山蝴蝶花廊

軀體龐大的台灣熊蟬。

複眼。本路段也是全台灣最容易看到竹節蟲的場所，牠們常常停在有陰影的茂密植物葉上，由於擬態逼真，不容易發現。棲在這兒的蟬多屬大型，如熊蟬、暮蟬（茅蜩）。牠們常停在路邊粗大樹枝上，而且停得很低，只要用心觀察，可以看到牠們鳴叫時的微妙動作。除了上述常見昆蟲，再加上其他各種豐富的小昆蟲，本路段可謂「昆蟲的故鄉」。

②第2路段：走出第一段亞熱帶密林，眼界豁然開朗，可遙望形似饅頭的面天山。腳下鞍部有池塘及休憩用涼亭，此處原本是

古松森林，當時最特別的是第1路段末到此路段入口（即面天山鞍部邊緣），有珍奇的捕蟲植物「毛氈苔」大片群落。以千株計的紅色毛氈苔密密地緊靠著生長，遠遠望去，好像鋪了一層厚厚的紅色地毯，但現在想要找一小株也非常困難（請閱212頁）。30年前被人放火燒山開墾，自稱中興農場，不久被政府強力收回，成為雜草叢生的草原。開墾者只好放牧牛羊維生。這些家畜無孔不入地鑽入林間，連根吃掉重要蝶類的幼蟲食草，使原本在蝴蝶花廊全線常見的大紅紋鳳蝶等高觀賞價值的蝴蝶，變成不常見的稀有種。

面天山鞍部的草原形態至少維持了約20年，那時蟋蟀、蝗蟲、紡織娘特別多，國家公園接手後開始造林。現在蝴蝶增多

剛孵化的椿象若蟲群。

面天山蝴蝶花廊

了，但直翅目昆蟲漸少。轉入第2段路時，如果走右側路直奔休息站，還有機會看到不少直翅目昆

叩頭蟲正在吸食樹液。

蟲。此外，盆地中央本來有天然小池塘，住有豐富的水生昆蟲，但公園當局將池塘周岸改成水泥邊，放進魚類後，水生昆蟲已經沒有以前那麼多。如果選擇往左側沿著山腹穿越樹林時，在樹上會看到有趣的盾背椿象，尤其是盛夏繁殖期，不但可觀察交配情況，母蟲死守卵群的景象更值得欣賞。

③第3路段：離開盆地後，就會走入巨大的黑松古木大森林，這是台灣唯一的大片黑松森林。走在羊腸下坡小路中，貫穿暗無天日的路段幾乎看不到蝴蝶，偶爾由路邊腳下冒出飛蛾，瞬間又躲進樹下羊齒植物叢中。

不過走到了林木較少的開闊空地、陽光普照處，就有少群蝴

蝶飛舞。在這段路行走時，最好經常仰頭看樹梢，在夏季有一種叫作「風不動」的寄生植物攀纏在黑松林，靠近樹木中段、高4～6尺處盛開許多白色小花，只要有這些花叢，必有成群的蝴蝶聚集在一起爭吸花蜜，種類繁多、有大有小，從鳳蝶、粉蝶到斑蝶；不但如此，還有不少蜂、虻、金花蟲等小昆蟲來湊熱鬧。

走過一半後，有較寬大的路，陽光直射地面。這一段路常會出現觀賞價值最高、頗富生態美的大紅紋鳳蝶。不久會碰到岔路，往右穿越密林是觀鳥步道，但幾乎看不到蝶蟲，應選擇左側小路，會經過一小片柑橘園。由於未使用農藥，這一段的蝶蟲非常多。在綠葉上可找到同呈綠色，而形成保護色的鳳蝶蛹及幼蟲。若樹幹有裂縫而滲出黏黏樹液，必然有蛺蝶、鍬形蟲、叩頭

# 面天山蝴蝶花廊

蟲聚集。這是一般人能夠看到台灣產鍬形蟲中，體型最大的鬼艷鍬形蟲的唯一地方。由於牠們行動遲鈍，採捉帶走容易，但這種行為是犯法的。

走過柑橘園，又見喬木，樹上有不少茅蜩，若突然大聲喊叫，或用竹棒敲打樹枝，牠們在驚嚇之餘會掉落到草叢，翅膀卡在葉間，可以乘機捉來觀賞一下。

④ 第4路段：走出黑松大森林，接著是綿延石階。下石階一小段有個小廟叫三聖公廟，此後有上千級的石階一路往下。

路邊兩側種滿了蝴蝶最喜愛的金露花，又把竹林當生籬（即栽種植物作圍籬），由於很繁茂，看不到生籬外的景色。左右籬外是大片柑橘園，在柑橘園內以及更遠的山腹中發生的蝴蝶，會密集在這條路上，沿著山路形成了很明顯的蝶道，並不時離道飛到生籬的花叢上吸蜜。

如仔細觀察比較，在此可以看到的蝴蝶種類，和前幾段明顯地不同。最顯眼的是體翅龐大的大鳳蝶雌蝶；此外和芸香科植物有關的黑鳳蝶類很多，在第1路段沒機會找到枯葉蝶的人，運氣好的話在本路段還有機會看得到。昆蟲比第1、第3路段較少，最大特色是在夏末秋初，圓翅紅鍬形蟲爬出路邊，這是他處相當難得一見的中型美麗鍬形蟲。

在本區可以看到他處難得一見的圓翅紅鍬形蟲。

走到石階的終點，生籬消失了，眼界又一次開闊，眼前是大片斜面山腹，山崖下是淡水河，遙望對面秀麗的觀音山，左側是桃園台地，右側為淡水河口，接著是一望無際的大海。此後山路仍然下坡，左右盡是大片蔬菜園，山路彎彎曲曲。最後這一小段的蝴蝶多半是中小型，以粉蝶居多；其他昆蟲以小型的金花

# 面天山蝴蝶花廊

蟲、瓢蟲較常見。在大屯里小6公車站附近的樹叢裡，早夏可見到很特別的角金龜。

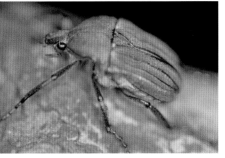

台灣角金龜。

### 3.青斑蝶大群飛越山嶺奇觀

過去每年在6月中至7月初，雨季即將轉成乾季的交接期，一定有以10萬計的青斑蝶成群飛越大屯山嶺線，分散面天山、北新莊方向的大自然奇觀。但近年來規模越來越小（請參閱《台灣賞蝶情報》，頁64）。

## 賞蟲期

一年四季均有蝴蝶，當然冬天較少。其他昆蟲，冬天時躲藏得太完美，一般人恐怕很難發現。蝴蝶最多的是6月底及7月，直到10月。一般昆蟲也於6月中開始出現，7月最多，8月還有。

## 交通

1.搭乘台北市至陽明山的公車（230、260、301），從陽明山走路或叫計程車到蝴蝶花廊停車場後步行賞蟲。下山後在大屯里坐市營小6公車，停靠新北投或士林。

2.團體前往必須雇用20人座中型遊覽車，因為巴拉卡公路禁止大型遊覽車通行。車子到達登山口後，折回繞道至北投再上山到大屯里等人。

3.自己開車：把車停在停車場後，進山賞蟲，但無法走完全程。最適當的折回座車點是，第3路段中間有一處兼神壇的民屋。

## 食宿

蝴蝶花廊內，只有第3路段有一農家以及第4路段三聖公廟，供應簡餐，最好自備午餐、飲料。公園管理處電話(02)28613601。外圍投宿點分布較散，如中國大飯店(02)28616661、國際大旅社（02）28616022。

# 烏來‧福山一帶

## 特色

以台灣山脈為靠背、烏來溪為動脈的本區，支流很多，處處可見臨時性大小蝶道型蝴蝶谷。早春有升天鳳蝶，接著有青鳳蝶類的大發生，同時有豐富的亞熱帶山區系統的蝴蝶。

本區也是各種昆蟲的良好觀察場所，只是本區賞蟲應以馬路為中心較安全，但仍需注意來往車輛。

## 賞蟲情報

早春開始直到晚秋，均有蝴蝶及其他昆蟲可賞，本區的賞蟲地，可分為烏來溪流域及上游集水區兩部分。沿溪流邊的賞蟲處，由下游算起，有翡翠谷、紅河谷、迷你谷、烏來遊樂區內的烏來溪本身、娃娃谷、信賢到福山附近的烏來溪上游。

其中翡翠谷有水庫，因此除非經由機關、學校申請許可，不能隨意前往；其他沿溪賞蟲點主要以路邊為主。但谷底、水域邊的蝴蝶，比沿著山腹延伸的馬路多；新店到烏來的大馬路，車子太多，少有蝴蝶；過了烏來，從

本區的賞蟲據點多沿著溪流分布。圖為拾級而降的娃娃谷瀑布。（柯焜耀◎攝）

信賢以後的路邊倒是不少。

其他昆蟲中，最常見的是蜻蛉目昆蟲，從大型蜻蜓、螅到纖細的豆娘，種類繁多。牠們以水域為活動中心，但蜻蜓會飛到山路、森林邊緣。屬於大型、身體有美麗金藍綠色光澤的琉球黑翅螅，則到陰暗潮溼的森林內活動，緩緩地擺動翅膀飛舞的姿態，猶如森林小仙子。這些蜻蛉稚蟲全生活在區內各種水域，烏來地區也是最佳的各種水生昆蟲觀察場所。在烏來地區最容易發現的有趣小蟲子是搖籃蟲，牠們身長不超過1公分，每種都有可愛造型，很像小丑。牠們會把葉子捲成肉粽或春捲狀，並產卵其中，幼蟲即在裡面成長、化蛹。甲蟲中最美麗的保育類──虹彩吉丁蟲，在此也有機會看到。

烏來也是台北近郊交通方便的山區中，最容易看到螢火蟲的場所。如小型水生黃緣螢。台灣最大型、最有觀賞價值的台灣山窗螢，在此地於秋季至冬初都看得到。

另外在4～5月間及7～8月間，各有1次青帶鳳蝶大發生，為期約1～2周，沿溪形成巨大蝶道，使溪谷成為「蝶道型蝴蝶谷」（有關賞

全身閃閃動人的琉球黑翅螅。

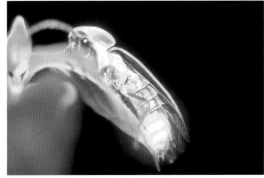
在黑夜中閃爍冷光的台灣山窗螢。

# 烏來・福山一帶

蝶詳情，請參閱《台灣賞蝶情報》，頁66～69）。

　　全線可在悶熱的夏夜燈火下，欣賞飛蛾及其他各種白天看不到的夜行性昆蟲。

## 賞蟲期

　　整年均有昆蟲，但適合一般學生、民眾前往的是4～11月，數量最多的是6～8月。台灣山窗螢在10～11月間發生。

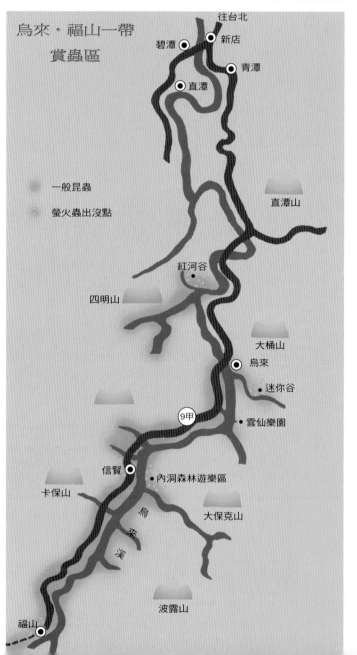

烏來・福山一帶
賞蟲區

● 一般昆蟲

◉ 螢火蟲出沒點

往台北
碧潭　新店
青潭
直潭
直潭山
紅河谷
四明山
大桶山
烏來
迷你谷
9甲
雲仙樂園
信賢
內洞森林遊樂區
卡保山
大保克山
烏來溪
波露山
福山

# 烏來·福山一帶

## 賞蟲據點

### 1.紅河谷

新店接近烏來有個客運汽車小站，叫「成功站」。站邊有一條狹窄的產業道路，右轉順著路下山，通過南勢溪橋後轉為上坡路，直到支流紅河溪橋。這一帶即為紅河谷，兩岸是一系列奇特石岸，因其景觀酷似美國西部谷地而得名。

### 2.迷你谷

到了烏來遊樂區停車場後，過了水泥橋就是連排觀光商店街。不要直走進去，左轉再走約1公里，右側溪流邊小山谷就是迷你谷，因溪谷狹窄，兩岸山峰雄峙，故取名迷你谷。

### 3.烏來風景區·雲仙樂園

買票進入風景區，過了大橋後，不要右轉走大馬路，選擇左側步行道，沿溪流邊走，才可以看到較多蟲影。到了烏來瀑布後，坐纜車可到雲仙樂園，

也有步道爬上去，但坡度太大不易行走。雲仙樂園是本區夜間燈下賞蟲最佳場所，但全園禁止採捉。有完整食宿施設，電話（02）26616510～4。

### 6.烏來經信賢到福山

沿途是不錯的賞蟲路線，越往上游越好。途中有不少小支流，沿小溪流上去是更佳賞蟲地，但具危險性，除非有專業嚮導帶領，不宜深入。

乘纜車到雲仙樂園。

### 7.福山植物園

另一森林形態的賞蝶地──福山植物園，由烏來方向的福山村去，必須翻山越嶺，因而不易成

## 烏來・福山一帶

行，通常開車可由宜蘭往員山直驅進入。此地有不少蝴蝶種類，有些甚至是烏來方面較難看到的，如蛺蝶類、蛇目蝶類等。感覺上蝶種比烏來多，但數量比想像的少些。電話(03)9228915，需提前申請入園。

### 8.內洞森林遊樂區（娃娃谷）

以拾級而降的瀑布聞名。過信烏吊橋後的兩條路徑均可到。需自備車，經烏來到信賢後順路標可達。不供膳宿，可改住烏來。電話（02）26667392。

轉；以上兩據點，開車可直達。要去娃娃谷、信賢、福山則從烏來村前新闢馬路，直達烏來瀑布繼續往前。

2.福山植物園：由宜蘭搭宜蘭客運可達，自己開車則由宜蘭沿7號省道，經員山轉9甲省道後，按路標前進。

綠意盎然的福山植物園。（柯焜耀◎攝）

### 交通

1.烏來溪流域賞蝶地：由台北市二二八紀念公園邊搭新店客運前往或自行開車到烏來。要往紅河谷可由客運成功站邊右轉產業道路進去。往迷你谷則是到烏來後，過烏來村內之水泥橋立刻左

### 食宿

烏來、信賢、福山有餐廳。烏來有不少旅館，最鄰近賞蟲點的是：雲仙大飯店（02）26616383、巨龍山莊（02）26616333、清流樂園（02）26616014。

# 汐萬路和千蝶谷

## 特色

連結台北縣汐止與萬里的汐萬路，穿越山區，沿途密布森林，且處處有清澈的小溪流，因此盛產各種蝴蝶及昆蟲。從春天到秋天，白天可見蝴蝶穿越馬路，溪邊、草叢、樹叢中

汐萬路沿途有清澈的小溪流，盛產昆蟲。

躲著小昆蟲，夏夜的路燈下會有飛蛾及其他昆蟲集聚。春秋夜晚，在沒有路燈而黑暗的路邊、水邊有閃閃飛舞的螢火蟲。

## 景據點：千蝶谷

位於汐萬路中段，有翠綠森林環繞，谷底是北港溪上游，光復前後，這一條小溪是大型蝶道型蝴蝶谷。春夏間常有上千隻蝴蝶交織飛舞，配合蜻蜓及其他可愛的小昆蟲，形成奇麗的大自然水彩畫，因此人稱「千蝶谷」。後來當地居民不斷進行開墾，變成整齊單調的農耕地，也成了蝴蝶沙漠。民國60年代，台灣的經濟起飛，工資高漲，農產品生產成本提高，交通不便的千蝶谷農產品常常不敷成本，於是區內農民紛紛改行，農耕地荒廢，雜草叢生。

趙甦先生（中）等人在千蝶谷進行昆蟲復育。

# 汐萬路和千蝶谷

民國84年，趙鐵先生再訪千蝶谷時，看到狼狽不堪的山谷甚為傷感，幸而山腹綠油油的野生林激起他在此進行蝴蝶、螢火蟲及其他昆蟲復育的決心，並獲中華民國保護動物協會、美國銀行的支援，現在已經成為台灣北部、交通方便的山區中，昆蟲最多的地方。蝴蝶密度之高，遠超過陽明山蝴蝶花廊及烏來。白天有蜻蜓、蝗蟲，黃昏有竹節蟲、各種鳴蟲，夜晚有飛蛾撲燈，無燈處即有螢火蟲滿天飛舞。區內設有「昆蟲生態農場」，專辦昆蟲研習活動。

除了昆蟲復育外，千蝶谷自古就是稀少的著名捕蟲植物「毛氈苔」的繁衍地，雖因人工開墾而幾乎絕種，但經過了幾年保護及復育計畫後，毛氈苔成功地在千蝶谷內一面小岩壁繁衍，整年展現朵朵紅色窈窕的植姿。這是目前在台灣，唯一不需走入深山幽谷便能觀察毛氈苔捕食小蟲奇觀的場所。如果不進農場，即可從大門左邊小路上山賞蝶覓蟲。

千蝶谷內有理想的水生昆蟲棲息地。

## 地址、電話、交通

台北縣汐止鎮汐萬路三段499巷499弄18號。電話（02）27090708。從中山高汐止交流道下高速公路，進入市區右轉走大同路50公尺，立刻再右轉進入汐萬路。沿途有路標達千蝶谷。汐萬路邊到處有土雞城、小餐館。無旅館。

毛氈苔在千蝶谷復育成功。

# 北部其他賞蟲地

大白斑蝶體翅龐大，有獨特的個體生態美。

## 濱海公路

　　基隆經鼻頭角、龍洞、澳底、北關、頭城、礁溪至宜蘭沿途，在春夏間也有若干蝴蝶及其他昆蟲。全路線中，可以在右山腹看到和海岸線成垂直的不少小溪流，如果能下車沿溪深入山中，便能觀賞到多種昆蟲。其中最特別的是，台灣斑蝶中最大型

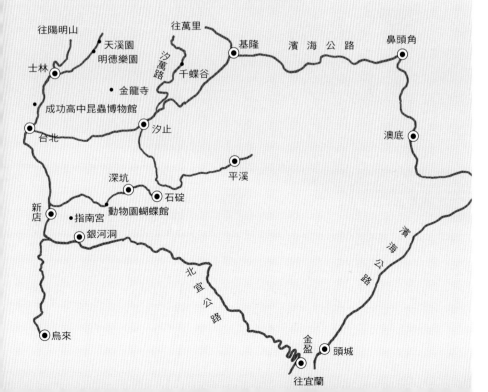

## 台北市近郊賞蟲據點

往陽明山

往萬里

天溪園
明德樂園

士林

汐萬路

千蝶谷

基隆　　濱　海　公　路　　鼻頭角

金龍寺

成功高中昆蟲博物館

台北

汐止

澳底

深坑

平溪

石碇

新店

動物園蝴蝶館

指南宮

銀河洞

濱
海
公
路

北
宜
公
路

烏來

金
盈

頭城

往宜蘭

# 北部其他賞蟲地

的大白斑蝶，這種蝴蝶只在南端鵝鑾鼻及本區大事繁殖，目前最明顯的是鼻頭角附近小溪流。靠近宜蘭的金盈谷度假村及五峰旗瀑布是賞蝶、賞螢的好場所。

濱海公路具備多元性的旅遊樂趣，各個景點路標明顯。沿線多為小漁村，並發展成海鮮品嘗區，在路中較大城鎮，食宿更無虞。

## 北宜公路

從新店東行到宜蘭的北宜公路邊，有不少賞蟲據點。坪林附近公路緊靠北勢溪流域，溪流邊在夏季中有1～2周時間，形成蝶道型蝴蝶谷。可惜大發生期每年有相當大的差異，只好碰運氣。

大馬路邊因車水馬龍，昆蟲較少。選擇緊靠森林的路邊停車，稍微進入山區，仔細觀察可發現小昆蟲。這一帶，沒有人工燈火、常保持溼潤的路段也有螢火蟲。

北宜公路向為聯絡台北和宜蘭間重要且知名的景觀公路，開車路線：新店→青潭→銀河洞→坪林→金盈→礁溪→宜蘭，沿途有明顯路標，著名的九彎十八拐位於四堵至頭城間，需特別留意。本路線以露營活動為主，小吃店頗多。

## 平溪

由汐止交流道下高速公路，轉入汐平路後可達。這是一處清

賞蟲、觀海、嘗海鮮的樂趣，可以同時在暢遊濱海公路時體會。（柯焜耀◎攝）

北部其他賞蟲地

假日到平溪戲水烤肉的遊客如織，想要賞蟲需往上游人少處。

澈的小溪流，下游靠馬路邊有大小天然游泳池，假日來戲水、烤肉的遊客很多。越往上游，遊客較少，昆蟲會較多，務請注意安全。夜間在發生期有螢火蟲。

### 明德樂園

以各種電動遊樂設備、山區體能訓練場、露營烤肉等活動為主，是一處匯集多項遊樂、休閒、會議、住宿等設施的綜合遊樂區。園內有一座依山面溪的小型昆蟲博物館，暑假期間舉辦昆蟲研習，供住食。此外在春夏兩季，區內山間溪流有野生的蝴蝶、螢火蟲飛舞。

聯營公車255、304等可達，開車即由故宮博物院順著至善路往萬里的方向。電話(02)28412061～2。

### 內湖

金龍寺、圓覺寺、碧山巖一帶，有森林、小溪、小瀑布。最

# 北部其他賞蟲地

步行蟲腳細長，善於奔跑。

大特色是，夏秋之間很容易看到大琉璃紋鳳蝶。

聯營公車247、267的終點站是金龍寺，在內湖公車站轉搭小型公車2路到圓覺寺、碧山巖。

## 天溪園

位於內雙溪、五指山和頂山間的山谷中。除了蝴蝶外，有很豐富的水生昆蟲及螢火蟲。供膳食。

搭聯營公車210、213、304在故宮博物院站下車，轉搭小型公車18路到聖人橋，再步行前往。開車沿至善路往內雙溪方向，循路標可到。電話（02）28412086。

## 指南宮

位於政治大學後山、海拔285公尺的猴山岳上。由政大校門左側斜對面萬壽路按路標可達，也可搭指南客運1、2路直達。供住宿，電話(02)29399921～2。附近只要有水域及沒有人工燈火的區域，可以看到螢火蟲。

香火鼎盛的指南宮。（柯焜耀◎攝）

# 北部其他賞蟲地

到滿月圓既可享受清新的森林浴，還可覓蟲跡。（柯焜耀◎攝）

## 滿月圓森林遊樂區

位於台北縣三峽鎮有木里，

東眼山遊樂區內整齊的樹海，最適宜漫步賞蟲。（柯焜耀◎攝）

境內群山環繞及蚋仔溪侵蝕而造成許多壯觀美麗的瀑布，可邊賞蟲邊享受森林浴。遊樂區電話（02）26720004。

搭往三峽的台北客運在東峰橋站下車，取橋前右岔路直行。若自行開車到三峽後接3號省道，至大埔走左岔路7乙省道，按路標經樂樂谷即可抵達。區內嚴禁露營、烤肉，附近有鄭白山莊（02）26720126、山中傳奇(02)26720758等供膳宿。

## 東眼山森林遊樂區

位於桃園縣復興鄉北部的霞雲村，緊臨台北三峽，因其山形遠望酷似「向東眺望的大眼睛」而得名。區內森林資源以300公頃柳、杉為主，一片整齊的樹海。順沿石階坡道漫步賞蟲。

目前無客運直達，對外交通以台7線為主，由大溪至復興鄉後，前行約1.5公里左轉桃113線，接東眼山步道即可。有小木屋、度假山莊，電話(03)3821505，也可宿復興青年活動中心(03)3822276。

# 北部其他賞蟲地

### ○瑞森林遊樂區

位於新竹縣橫山村,設有小型蝴蝶公園及標本展示室、科學館等。

由新竹或竹東搭新竹客運,在頭份下車;自己開車則由高速公路新竹交流道下,經竹東後順著路標走。供膳食,聯絡電話(03)59680960。

### 北埔秀巒公園

北埔為客家人聚居之地,秀巒公園係紀念開闢北埔的姜秀巒而建,古木參天。有不少美麗的大型麝馨鳳蝶類,尤以他處難得一見的台灣特產台灣麝馨鳳蝶最珍貴。

由新竹市有新竹客運成功號班車到北埔(車次很少),下車後往回走,沿3號省道則可看到牌樓。開車即由新竹交流道下高速公路,循122縣道經竹東轉3號省道可達。

### 新竹五指山

位於北埔、五峰、竹東之雪山山脈支稜,五峰羅列,有秀麗的大自然景觀,並有許多大小寺廟分散山中。為台灣12名勝之一,也是佛教勝地。各寺廟有住宿服務,聯絡電話:觀音禪寺(03)5801450、五峰寺(03)5801876、灶君堂(03)5802049、玉皇宮(03)5802053。

由新竹搭往竹東的新竹客運,在五指山口站下車後步行。開車則由新竹交流道下高速公路,循122縣道經竹東到瑞穗橋,於橋前順著路標右轉前進可達。

台灣麝馨鳳蝶的產量不多,但在北埔秀巒公園卻常見。

北橫公路

北橫公路賞蟲區

往台北

三峽

○ 一般昆蟲

○ 高山系蝶蟲

○ 大紫蛺蝶

大溪

往龍潭

7乙

雙溪

三民

復興

石門水庫

角板山公園

霞雲坪

北插天山

大漢溪

南插天山

7

達觀山

上巴陵

達觀山自然保護區

李棟山

巴陵

大曼

明池（池端）

往宜蘭

唐穗山

棲蘭

中國歷代神木園區

百韜橋

往梨山

## 特色

　　北橫公路中，三峽過三民、巴陵至棲蘭段，貫穿中央山脈靠北背部，沿著大漢溪有峽谷絕壁。雖然路側主要大山多半已被開墾，變成人造林，但在峻險坡地仍然留有原始林，即使在人造林中也夾雜不少野生林，形成一大片複雜的植物相，當然盛產豐富的動物，尤其是蝴蝶、飛蛾、甲蟲及其他昆蟲。除桃園到復興鄉路上車水馬龍、

北橫公路的峻險坡地仍保留著原始林。（鍾瑩芳◎攝）

## 2.巴陵

橫越大漢溪上游的吊橋後就到巴陵，從這裡開始到大曼一帶是北部多種特產蝶的大產地。5～6月分一定看得到的保育類珍蝶——大紫蛺蝶，多在路邊或附近果園活動。這一帶也是人們較有機會看到珍貴白蠟蟲的山區。巴陵旅館街附近的路燈是夜間燈下賞蟲的好地點，但最好的賞蟲路燈是位在由巴陵離開北橫主線彎入通往上巴

來回車輛太多，以致蝶蟲俱少外，其他路段是賞蟲的理想場所；沿途更有不少別具特色的賞蟲據點。

### 賞蟲據點

### 1. 角板山公園

位於桃園復興鄉，四周群峰羅列，有「台灣廬山」美譽。公園本身規模不大，也沒有什麼特色，但是面對角板山，視野廣闊。公園邊緣、面臨山崖的路燈，遂成為絕佳的夜間燈下賞蟲的勝地。

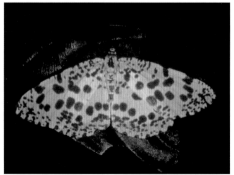

黃邊胡斑枝尺蠖蛾具有黑褐色斑紋，小紋散布翅底外緣，大紋在中央白色部分。

綠小灰蝶屬於稀少種，翅膀正面為略帶青色的綠光澤。（林春吉◎攝）

軀體龐大但性情溫和的長臂金龜。

達觀山內巨大的檜木。原為保護區，開放參觀後，昆蟲越來越少。

陵路上的警局派出所，因為它在山腹，燈源只有一處，因此聚蟲效果奇佳。順著溪流邊有不少蜻蛉類及水生昆蟲；運氣好也有機會看到成群蝴蝶沿著溪底的巨大蝶道來回飛翔。

### 3.上巴陵至達觀山（拉拉山）

由巴陵左轉至上巴陵間路邊，偶見溫帶水果園，園內在夏季到處有落果，落果發酵後成為絕佳誘食，是大紫蛺蝶、台灣特產白蛺蝶、甲蟲、蜂類的誘餌。上巴陵至神木區路邊，是唯一可觀賞綠小灰蝶、拉拉山三線蝶、黃斑蝶等高山蝶場所。入夜後在路邊成排的路燈中，若干占據有利地理位置者，可以聚集稀少高山飛蛾、甲蟲，其中最有名的是台灣產甲蟲最大型的保育類——長臂金龜。

到了達觀山自然保護區〔電話(03)3912142〕，盡頭有巨大檜木群夾道歡迎遊客。但山路貫穿密林內，昆蟲比想像中少。由於屬於保護區，昆蟲僅可欣賞、觀察、研究，不可以採殺或帶離山區。

# 北橫公路

### 4.明池（池端）

由退輔會森林開發處規畫為森林遊樂區，電話(03)9894104。附近蝶蛾、甲蟲不少，偶爾有保育類寬尾鳳蝶現身。由於它位於群山環繞的盆地，是理想的夜間燈下賞蟲地點。

離此不遠處另有附設的「中國歷代神木園區」，通常不得自行開車前往，必須在明池森林遊樂區報名後，轉搭登山專車。在遼闊的深山有成群奇形怪狀的古樹，每棵古樹按年輪推算朝代時間，再以當代中國文人賢士命名。在神木群區內昆蟲很少，只在5～6月間有機會瞥見寬尾鳳蝶。

明池位於群山環繞的盆地。（柯焜耀◎攝）

### 交通

1.從大溪有客運經復興、巴陵、大曼、明池到宜蘭。

2.開車由南崁交流道下高速公路，循4號省道至大溪，再轉行7號路經慈湖、復興可達巴陵、大曼到宜蘭。

3.往上巴陵沒有客運，需自己開車或在巴陵叫計程車，也可步行上去。如要步行，最好不要走大馬路，改走爬山步道，必可遇見意想不到的有趣昆蟲。

### 食宿

沿途及重要觀光據點都有不少民營旅館、餐廳。救國團有復興青年活動中心供住宿，電話（03）3822788～9。上巴陵、達觀山有多家旅館，便於賞蟲者，如綠野山莊（03）3912229、古木山莊（03）3912118、蜜桃山莊（03）3912252、達觀度假農場（03）3912212等。盡量選擇遠離村落，獨自建在森林中的旅館。

# 棲蘭‧太平山一帶

雲層湧動的太平山，兼有避暑與賞蟲之樂。

## 特色

　　除了高山蝶以外，最大的特色是，非專業的一般賞蝶人，只要有時間及耐心，就可以看到世界性珍貴的稀有種蝴蝶——瀕臨絕種的保育類寬尾鳳蝶以及特產閃電蝶。同時也適合

## 棲蘭‧太平山一帶賞蟲區

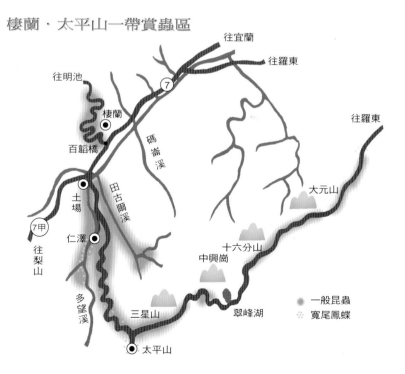

往宜蘭
往羅東
往明池
7
棲蘭
往羅東
碼崙溪
百韜橋
田古爾溪
土場
大元山
7甲
仁澤
往梨山
十六分山
中興崗
多望溪
三星山
翠峰湖
太平山

● 一般昆蟲
⁂ 寬尾鳳蝶

# 棲蘭‧太平山一帶

夜間燈下賞蟲，在高溫季、雲層低、悶熱的夜晚，必有難以計數的飛蛾及各種夜行性昆蟲慕光而來活動。

閃電蝶飛速極快，喜吸熱爛果汁。

## 賞蟲據點

### 1.棲蘭

位於中橫公路宜蘭支線接近北橫的交叉點。蘭陽森林開墾處開闢的棲蘭森林遊樂區一帶及鄰近的棲蘭青年活動中心附近，是賞蟲重鎮。靠山一邊林木蓊鬱，

極為清靜安詳，蝶蟲遊舞其間。

5、6月分開始至9月，可沿著森林遊樂區的步道賞蟲，只是所看到的是其他賞蝶地也有（一般亞熱帶平地至低山帶發生）的蝶種以及其他昆蟲。本區中最大特色是荒蕪的河床、有落果發酵的林蔭下，可以遇到飛行速度很快的台灣特產閃電蝶的機會（請參閱《台灣賞蝶情報》，頁74～75）。入夜後，活動中心廣場的大燈一開，飛蛾、甲蟲等便前來繞燈飛舞。

區內有周全的住宿服務，電話(03)9809606。

仁澤溫泉的水，可用來煮蛋，且闢有封閉式泡澡小屋。（柯焜耀◎攝）

### 2.仁澤溫泉

由棲蘭順路標往太平山方向前進，經過土場另有路標指示仁澤溫泉方向。它位於土場村的多望溪谷中，地處太平山麓。谷底有溫泉，泉水從石縫中冒出。泉質清澈，水溫高達90度，可煮溫泉蛋。

太平山莊是良好的夜間燈下賞蟲點。

周圍山腹有各種昆蟲。貫穿谷底的多望溪，上游源自太平山，流經台灣檫樹人造林區。沿溪有一小型蝶道，5～6月間，珍貴美麗的國寶蝶——寬尾鳳蝶，偶爾沿溪下飛，停在溪流水邊溼地，但可遇不可求。

有設施完善的溫泉旅館，仁澤山莊供膳宿，電話(03)9544052。

### 3.太平山森林遊樂區

土場至太平山莊沿路，有花叢的地方在春夏季將聚集不少蝴蝶及昆蟲。路邊雖然有大片台灣特產檫樹林，但還不屬高山帶，因此寬尾鳳蝶並不在此繁殖。倒是太平山莊成排的旅館部建築中間，栽植了幾十株台灣檫樹，會吸引寬尾鳳蝶前來活動。太平山莊後面有原始森林公園，園中天然古木參天，曲徑通幽，但樹木太茂密，昆蟲反而不多。到了夜晚，太平山莊台階邊路燈下，是非常良好的夜間燈下賞蟲場所。

以太平山莊為中心，可步行到獨立山野生動物保護區或報名參加翠峰湖之行。太平山莊依山而築，電話(03)9544052、

# 棲蘭・太平山一帶

9546055；翠峰山莊全為團體房，訂房電話同太平山莊。

## 賞蟲期

棲蘭、仁澤等低山帶，約在4～10月；路途海拔較高的太平山、獨立山、翠峰湖一帶，只在7～8月；最佳的綜合賞蟲期為6～7月。

寬尾鳳蝶後翅有寬大的尾狀凸起，聞名全世界，是台灣特產。

## 交通

1.由宜蘭搭往太平山的台汽客運，經羅東、仁澤。班次不多，請先打電話確定，(03)9365441。

2.開車：自宜蘭市循泰山路，接7號省道經百韜橋、土場後，可延伸到各賞蟲據點。一路上路標明顯。

太平山莊成排的檺樹，會吸引寬尾鳳蝶前來活動。

# 東部其他賞蟲地

富源森林遊樂區過去盛產蝴蝶，目前6～7月還有不少蝶蟲。

## 富源森林遊樂區

位於花蓮縣瑞穗鄉，即花蓮至台東的公路邊。有茂密的森林、美麗的山谷及溪流，曾在初夏有很多蝴蝶形成大型蝶道活動，因此也被稱為富源蝴蝶谷。此外也有不少螢火蟲及其他昆蟲。賞蟲期在5～9月，以6～7月最佳。

由花蓮、台北有客運及火車可達富源站，下車後步行或雇車；開車則從花蓮市區沿9號省道到富源村後，按路標前往。區內有小木屋、山莊通鋪、露營區可住宿，洽詢電話（03）8811514。

## 知本森林遊樂區

位於台東縣卑南鄉的知本溪邊，昆蟲現身的機會還算多。遊樂區本身未提供住宿，電話（089）513395。但周圍有許多大大小小的旅館、餐廳。

從台東市沿11號省道至知本，再循指標前行至遊樂區。另有鼎東客運由台東開往知本。

# 東部其他賞蟲地

## 綠島

因設有關重刑犯的離島監獄

而著名。日治時代十分荒蕪，幾無綠樹，因此曾被稱為火燒島，但現在全島綠意盎然。雖然也緊靠蘭嶼，但所產昆蟲卻和蘭嶼產的不同，反倒和台灣本島台東附近的極為相似。島上蝴蝶、昆蟲並不很多，最獨特的是台灣罕見的姬獨角仙在此島常見；於盛夏季節的悶熱夜晚，常常成群現身。此外，大白斑蝶綠島亞種也在此地繁殖。

從台東有小飛機來回。島上只有一條環島道路，可租汽車或機車，也有遊覽車、計程車。住宿點可選擇中光旅社（089）672516、松榮旅館（089）672515等。

林木蓊鬱的知本森林遊樂區。

緣椿象的後腳脛節退化成葉狀，極易辨別。

曾經荒蕪，而今綠意盎然的綠島。

埔里一帶賞蟲區

東勢

青山

梨山

⑧

和平

谷關

⑧

白狗大山

大禹嶺

八仙山

合歡山

屏風山

㉑

惠蓀林場

翠峰

奇萊北峰

133

眉原

14甲

國姓

南山溪

霧社

清境農場

奇萊主山

蝴蝶生態農場

廬山

14

埔里

本部溪

碧湖

木生昆蟲館

觀音瀑布

獅子頭

錦吉昆蟲館

人止關

萬大

魚池

奧萬大森林遊樂區

蝴蝶博物館

青年活動中心

九族文化村

水里

㉑

日月潭

● 一般昆蟲

◯ 高山系蝶蟲

**特色**

　　民國40年代及以前，埔里被譽為蝴蝶王國中的蝴蝶村，當時只是一個很小的原住民部落，村內一年四季均有成群蝴蝶。但現在已發展成車水馬龍、繁華的小城市，市內及近郊已經沒有蝴蝶，但以此為中心的郊野，仍然散布著不少賞蟲據點。

# 埔里一帶

觀音瀑布在春夏期間有蝴蝶大發生。

紫斑蝶蛹體含苦味,故呈現閃亮光澤,警告天敵勿食。

## 賞蟲據點

### 1.埔里至霧社間

連結埔里至霧社的公路沿途有不少觀光點。由埔里出發,首先是台灣地理中心碑。再往前走,第一處賞蟲據點也是遊覽勝地的是觀音瀑布,那是一個美麗的小山谷,有小溪流及彎曲登山道。春夏期間通常會有兩次蝴蝶大發生,形成顯明蝶道。這種情況,是埔里一帶賞蟲據點的共同特徵,確實日期因當年氣候而不盡相同。

接著可到獅子頭站,站邊有一條小溪叫獅子頭溪。沿著溪流有一條小山路,順著小山路是本區最佳賞蟲據點。但路狹,貫穿密林,還有蛇類出沒,不怎麼大眾化。從站牌沿大馬路再步行往前50公尺,左側是埔里蝴蝶生態農場,這是國內最大的人工大量

飼養活蝶蛹及培育有關蝴蝶植物苗的場所，其內所飼養的蝴蝶經常飛到路邊。再往前走不到100公尺，右側有錦吉昆蟲館，展售各種昆蟲標本，並附設小型網式蝴蝶園，供人免費參觀。

寬腹紅蜻蜓的翅膀呈透明狀。

由獅子頭再往前驅車，會看到本部溪站牌，右側即為本部溪。沿溪有小路可達中游，此路段也是不錯的賞蟲地點。

過了本部溪站再往前為南山溪站，從此處離公路向左彎，有一條產業道路通往南山溪，可直達中游的南山瀑布。開車途中隨時可以停下來賞蟲，有些路段緊靠溪流，應下車走到溪邊，看到的昆蟲會更多。這是埔里一帶賞蟲據點中，和獅子頭溪並列的兩大良好賞蟲路線。

由南山溪站再往前，經過著名的人止關後，馬路轉成急斜坡，路邊蝴蝶、昆蟲減少，最後可達以霧社事件聞名的霧社。霧社村附近並沒有太多賞蟲點，但它是轉往鄰近賞蟲據點的中心，村內有旅館、餐廳、超級市場。埔里至人止關間，沒有人工照明的水域附近，可欣賞螢火蟲。

由台中有密集的台汽客運班車通往埔里，在埔里轉搭南投客運可達上述賞蟲據點及霧社。如開車由王田下高速公路，按路標經草屯到埔里，可直達霧社。埔里有20多家旅舍，霧社較少，但食宿無虞。

### 2.奧萬大森林遊樂區

因秋天浪漫的楓紅吸引大量遊客，可惜秋冬時節昆蟲甚少。

# 埔里一帶

自己開車到霧社後，循往萬大的南投71號鄉道，遇岔路左轉續行可達。南投客運於星期日、國定假日及旅遊旺季期間，每日行駛兩班次旅遊專車。遊樂區供膳食，電話（049）974511。

遊客稀少時的奧萬大，別有一番幽靜之趣。
（柯焜耀◎攝）

### 3.翠峰至合歡山一帶

霧社通往大禹嶺路段為中橫埔里支線，其中清境農場綠草如茵，且放牧大批牛羊，成堆

清境農場內牛隻緩步。

黃深山天牛。

動物糞便引來糞金龜，要費點心力尋覓；另有緩慢地貼著地面飛行的小紅點粉蝶，是農場特產蝶種。

再往前有一小站叫翠峰，翠峰附近有大片森林，蘊藏中部高山帶中最豐富的蝴蝶及各種昆蟲。

更往前經合歡山可達大禹嶺，這一段路有雄偉的高山景觀，若跨過類似小溪流的袋狀凹地，可能會是高山蝶道，如烏鴉鳳蝶、綠小灰蝶；路邊飛舞的縵蝶、蛇目蝶，都是低山帶難得一見的稀少高山種，只是體翅不

大，色彩也不太鮮豔。

　　此路段最好自己開車，由霧社直走14甲省道，一路上有明顯路標。清境農場可宿國民賓館，電話（049）802748～9；合歡山區有松雪樓及合歡山莊提供住宿，訂房電話（04）5878800。

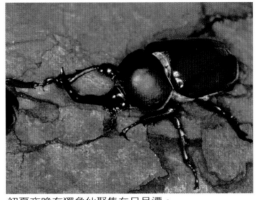

初夏夜晚有獨角仙聚集在日月潭。

### 4.日月潭

　　日月潭本來也是賞蟲勝地，但近年來昆蟲數量較少，可以在環湖路邊覓蟲。經過了文武廟，路邊有孔雀園，園內小山丘有一處由筆者設計、以台灣蝴蝶資源為主題的蝴蝶博物館。夜間可在

日月潭蝴蝶博物館旨在展示台灣蝴蝶資源。

燈下賞蟲，在初夏即有大批獨角仙聚集。如想賞蝶，應該到救國團青年活動中心，此地有完善的住宿服務、優美的廣大庭院。近年來積極進行蝴蝶復育工作，已有成效，往後應會逐年增加蝴蝶數量；另外在園內也開闢了人工網式蝴蝶園。

台北有中興號直達，由台中、埔里、水里也有相當密集的台汽客運。這兒有很多旅館、餐廳，如果要賞蟲則應該選擇住日月潭青年活動中心，有一流的食宿設施，電話（049）850070～1。

### 5.九族文化村

九族文化村栽植的花草，吸引了附近的蝴蝶前來訪花採蜜，6、7月間在各村落間的林道可以看到蝴蝶；也有若干昆蟲、螢火蟲。

由埔里有南投客運直達九族文化村；自己開車時，由王田交流道下高速公路到草屯，接14號省道至愛蘭橋，再轉入21號省道。電話（049）895361。

九族文化村重現台灣原住民的文化。（柯焜耀◎攝）

# 中橫公路及其支線

## 特色

隨著海拔的升高，昆蟲相由亞熱帶山區系昆蟲轉為高山種。在梨山段，夏天一定可以看到他處難得一見的台灣特產高山蝶——曙鳳蝶及雙環紋鳳蝶。在這裡不必步行深入深山幽谷，在大馬路邊就可以盡情欣賞特產高山蝶。

其他的一般昆蟲，在靠近梨山高山帶較少，途中低山區較多，本賞蟲區路燈中，占有較好地理位置者，成為各種飛蛾繞燈

駐足中橫公路邊即可盡情賞蟲。（鍾瑩芳◎攝）

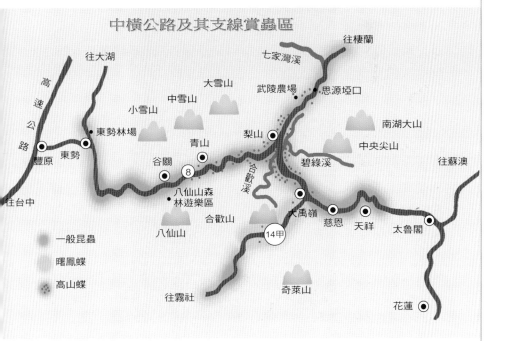

### 中橫公路及其支線賞蟲區

往棲蘭

七家灣溪

往大湖

大雪山

武陵農場　思源埡口

高速公路

中雪山

小雪山

南湖大山

東勢林場

梨山

中央尖山

青山

豐原　東勢

谷關

碧綠溪

往蘇澳

8

往台中

八仙山森林遊樂區

合歡山

合歡溪

大禹嶺　慈恩　天祥　太魯閣

八仙山

14甲

● 一般昆蟲

● 曙鳳蝶

● 高山蝶

往霧社

奇萊山

花蓮

# 中橫公路及其支線

飛舞的賞蛾點,但甲蟲及其他昆蟲很少。

多,如明治溫泉大飯店(04)5951111、谷關大飯店(04)5951355等。

## 賞蟲據點

### 1.谷關

中橫公路上,最先到達的賞蟲據點是谷關,從此地直到青山路段,出現的是一般亞熱帶低山系統的常見蝴蝶及其他昆蟲。雖然沒有什麼特殊種,但種類還算多。如果離開馬路,進入谷關瀑布遊樂區,有更多的賞蟲機會,尤其是蜻蜓及其他水生昆蟲。附近沒有人工光源的溼地,或多或少有螢火蟲。

住宿點頗

長條擬燈蛾前翅有白色縱條,屬普通種。

進入谷關溪谷區,有更多賞蟲機會。

### 2.梨山一帶

經過了青山,低山系統蝴蝶及昆蟲逐漸減少,而高山系統的蝶蟲增多。夏天在青山附近,偶爾會發現1、2隻曙鳳蝶,屬於保育類蝴蝶。此後越接近梨山越多,尤其是台汽客運碧綠溪站至合歡溪站間的2公里路邊,沿途只要有冇骨消花叢盛開,一定吸引曙鳳蝶及大紅紋鳳蝶聚集爭吸花蜜,同時也有其他小昆蟲湊熱鬧。在這兒賞蝶雖然方便,但馬

# 中橫公路及其支線

曙鳳蝶在有骨消花叢上爭吸花蜜。

合歡溪上游邊緣植物相複雜，吸引許多昆蟲來湊熱鬧。

路上車輛飛馳而過，必須緊靠路邊活動。假如能夠下到碧綠溪或合歡溪，可以欣賞到更多昆蟲，但水域危險，一般民眾切勿冒險深入。

### 3.武陵森林遊樂區

位於七家灣溪畔，除了以高冷蔬菜及國寶魚——櫻花鉤吻鮭著稱外，尚有若干高山蝶、飛蛾及少許其他甲蟲，也宜夜間燈下賞蟲。

遊樂區電話(04)5878800，可宿武陵國民賓館(04)5901183～4，或是武陵山莊(04)5901020。

### 4.梨山至太魯閣間

大禹嶺站附近已沒有曙鳳蝶，附近路燈是夜間燈下賞蟲好據點。山區有高山特產綠小灰蝶。從大禹嶺往東，經過慈恩、天祥，再到聞名世界的太魯閣大峽谷，觀光點遍布，可於路邊闊葉林或花叢覓蟲，但不多。到了太魯閣就是中橫公路終點。

位於七家灣溪畔的武陵森林遊樂區。（柯焜耀◎攝）

# 中橫公路及其支線

慕燈而來的飛蛾停在電線杆上休息。

### 賞蟲期

　　中、低海拔在6～9月，高海拔是7～8月，其中7月中旬至8月初最多。

### 交通

　　1.台中、豐原或宜蘭有客運到梨山、大禹嶺、清境農場。

　　2.自行開車時，由台中至豐原循3號省道經東勢，接8號省道往梨山，沿路有明顯的路標。由宜蘭，則行7號省道，經百韜橋接7甲省道，可達清境農場、梨山。賞蟲據點都在路邊。

### 5.梨山至棲蘭

　　中橫公路的這一條支線，是本區中、低山系種類賞蝶、賞蟲最佳路線。離開梨山不久，還在高山帶中的路邊仍然有不少曙鳳蝶。經過思源埡口後海拔漸低，於是高山系蝶蟲不見了，低山系蝶蟲數量、種類慢慢增加。

1對背條露蟲。

# 中部其他賞蟲地

## 東勢林場

三面環山，一面傍水，四季林景均不同，有「中部陽明山」美譽。原本就是多產蝴蝶、螢火蟲及其他昆蟲的地方，由於近年來積極進行復育工作，蝴蝶明顯增加，設有蝴蝶谷賞蝶區。

東勢林場有「中部陽明山」的美譽。（柯焜耀◎攝）

本區最著名的賞蟲項目，是可以在野外很安全地欣賞最大螢火蟲族群的場所。除了嚴冬季節外，均有螢火蟲，尤以4月底及5月上旬最盛，即黑翅螢與端黑螢同時出現的季節，而且有專人解說。其他昆蟲則需自行尋覓，也可於夜間燈下觀蟲。有完善的食宿服務，電話(04)5872191～4。

可搭台汽客運到東勢，或搭火車至豐原站下，轉豐原客運可到東勢林場；開車時，由豐原走3號省道至東勢，然後左轉勢林路往前循路標前進。

## 惠蓀林場

為中興大學實驗林場之一，在30年以前，是一處和埔里並列的蝴蝶大產地。林場入口處前的眉原溪曾是大型蝶道谷，早春有不少環紋蝶，溪流則有各種粉蝶

端黑螢發光。

# 中部其他賞蟲地

惠蓀林場森林邊緣住著豐富的昆蟲。

聚集。森林邊緣則有各種昆蟲。林場提供住宿服務,電話(049)941041～2。

可從埔里搭南投客運前往,一天兩班。開車從草屯走14號省道至柑子林,接133縣道至葉厝,轉21號省道至梅子村,續接南投80鄉道前行。

## 亞哥花園

這座美麗的人造花園上有若干蝴蝶飛舞,最好在6、7月前往;另外也飼養螢火蟲,並有特殊展示場「螢火蟲洞」,使遊客在白天也可以進入暗洞內,欣賞提小燈籠的螢火蟲。

搭台中市公車60路或仁友客運2號可達。電話(04)2391549。

## 八仙山森林遊樂區

位於台中縣和平鄉,為台灣昔日三大林場之一,因主峰海拔2,424公尺,折算為8,000台尺,故稱八仙山。區內森林覆蓋完整,孕育著少被汙染的溪流。眼界所及多為一般昆蟲。

從台中干城站搭往梨山的台汽客運,或由豐原、東勢搭豐原客運,在谷關篤銘橋下車,步行前往。區內有各式木屋供住宿,洽詢電話(04)5951214。

正在交配的豆芫菁。

# 中部其他賞蟲地

虎斑天牛。

觀。只宜盛夏前往賞蟲，山腹間也有螢火蟲。遊樂區電話（04）5870004。

由豐原循3號省道至東勢，從東勢林管處旁循200號林道前進。鞍馬山莊供膳食，訂房電話（04）5878800。

## 大雪山森林遊樂區

位於台中縣和平鄉，因處雲霧盛行帶，常是山嵐縹緲，極為浪漫。內有神木、天池等特殊景

## 溪頭森林遊樂區

位於台中縣鹿谷鄉鳳凰山麓，為台大農學院實驗林。有大片針葉林、竹林、銀杏林及其他

溪頭森林遊樂區內，銀杏樹茂密矗立。（鍾瑩芳◎攝）

# 中部其他賞蟲地

景觀。夏天常有細蝶大發生，可同時看到卵、幼蟲、蛹、成蟲各態期個體。在本區草叢及森林邊緣較容易找到昆蟲，夜間有不少飛蛾。

由台中南站或嘉義搭台汽客運可到。區內的住宿設施齊全，訂房電話（049）612345，但最適合賞蟲的是救國團溪頭青年活動中心，電話（049）612160～3。

琉球琉璃斑蛾分布於台灣全島，夏秋兩季發生。

## 杉林溪森林遊樂區

位於溪頭往阿里山中途的南投縣竹山鎮，有大片杉林、天地眼、神木、瀑布等景觀。可觀蝶蟲和溪頭差不多，但無細蝶群。

交通方面，開車到溪頭後，順路標則可達；也可在台中或嘉義搭台汽客運直達杉林溪。有完善的住宿服務，訂房電話(049)612211。

大片杉木構成杉林溪森林遊樂區的主景。

# 阿里山一帶

一二三到台灣，台灣有個阿里山。阿里山鐵路為世界三大高山鐵路之一。（柯焜耀◎攝）

## 特色

阿里山擁有日出、雲海、高山鐵路、森林、晚霞等五奇，是台灣具代表性且馳名中外的風景勝地，但嘉義至阿里山的賞蟲路線，卻無特殊之處。值得一提的只有瑞里、奮起湖附近的螢火蟲及阿里山受鎮宮「神蝶祝壽」的民俗奇觀，相當有看頭。

## 賞蟲披點

### 1.阿里山受鎮宮「神蝶祝壽」奇觀

阿里山上有一座國內最高的小學——香林國小，海拔2千多公尺，是一所迷你小學；香林國小

## 阿里山賞蟲區

# 阿里山一帶

旁邊有一座歷史悠久的廟宇——受鎮宮，籌建於民國元年，與中華民國同生，迄今87年之久，裡面供奉的是玄天上帝（關公），廟外有顯眼的海報，並以紅字說明：

敘述「神蝶祝壽」一事的看板。

每逢農曆三月初三，玄天上帝聖誕前後，必有七隻色彩艷麗、稀世罕見的神蝴蝶飛來獻舞祝壽，停留一星期後自行飛去，蹤跡不明，實為稀奇之事……云云。

這種「神蝴蝶」被當地人視為聖物，不可侵犯，其實牠們並不是蝴蝶，而是一種蛾類，真正的名字叫作「枯球籮紋蛾」。因為在牠的後翅有像竹籮筐波狀的花紋和顏色，加上前翅後緣中央有個骷髏頭狀的球狀斑紋，所以「枯球籮紋蛾」的名稱便由此而來。

枯球籮紋蛾是屬於籮紋蛾科的蛾類，全世界僅有22種；其分布範圍很廣，從北印度、緬甸、尼泊爾、中國大陸、台灣到日本

受鎮宮改建前（左圖）與改建後。神蝶祝壽的傳奇，吸引香客不斷湧進，使受鎮宮有足夠的經費得以擴建。

阿里山一帶

神蝶的真面目 —— 枯球籮紋蛾，展翅時，骷髏頭狀的球狀斑紋顯而易見。

都有分布。在中國大陸又叫「枯球水蠟蛾」，是由於牠的幼蟲取食木犀科的「水蠟樹」，因此得名。由於地理的隔離，造成生殖上的分隔，而在各地形成不同的亞種，台灣僅有此1科1種。由北部的陽明山、東部的太平山到南部的藤枝、扇平地區均可見；至於垂直分布，自低海拔500公尺至中橫大禹嶺2,000多公尺的山區皆可發現。雖然分布範圍很廣，但是數量並不多，一般人也很少在夜間觀察牠們，所以才會覺得枯球籮紋蛾是稀有、罕見的。

民國50年，我為了解開神蝶祝壽的謎底，連續3年專程前往阿里山研究。當時受鎮宮還是一座很小而古老的小廟。神像鎮座的神壇和祭拜廳間有一層厚厚的大玻璃完全隔開，只在神像臉部位置有直徑20公分左右的圓形洞。

枯球籮紋蛾和一般蛾類一樣具有趨光性，但阿里山村落的燈光太多，形成界線不清楚的廣大光域，不能吸引牠們，反倒是獨立於森林正中央的受鎮宮通宵不滅的燈火，使牠們聚集飛進玻璃小洞繞著神像飛舞，狀如獻舞獻壽。當太陽升起，周圍轉趨明亮時，牠們就隨意停棲不動了。然而這種展翅有10幾公分的大型蛾，如何能夠順利地通過玻璃洞呢？目前僅有的假設是：玻璃仍可阻擋燈光中某些光譜，而夜行性昆蟲能夠看到部分人類眼睛看不到的紅外線、紫外線，因此牠

# 阿里山一帶

停在關公神像上的神蝶。

神蝶偶爾會飛棲到守門神身上。

們可以分辨出透過玻璃或直接由洞口射出的光線，於是牠們順著一道沒有穿過玻璃的光線直接飛進神像廳。當時白天停棲的枯球籮紋蛾少時數隻，也有20多隻的紀錄。

有趣的是，近10多年來，神蝶祝壽期，停在神像或其附近的神蝶，幾乎一定是7隻。其實維持7隻定數的原因，筆者已有明確答案，但不便明講，請讀者發揮想像力尋答。當地人深信牠們是有靈性的，因此若在其他地方發現

牠們，會自動送到受鎮宮來，交給廟方供奉。

## 2.瑞里至奮起湖一帶

最大特色是有規模相當大的螢火蟲族群，盤據在這一帶潮溼的樹林及水域。若無專人導覽，建議住在瑞里若蘭山莊。

台灣最有實力的螢火蟲專家陳燦榮先生，在山莊設立「螢火蟲生態研究室」，除於室內大量飼養外，也在野外積極進行螢火蟲棲地的保護及復育工作。該山莊不定期於晚間讓遊客免費參加螢

陳燦榮先生在若蘭山莊設立螢火蟲生態研究室。

陳燦榮先生為遊客講解賞蟲要領。

火蟲研習會，先以幻燈片介紹，並在實驗室觀察幼生代活動情況，再摸黑帶入大自然中，欣賞成百上千螢火蟲亂舞的景觀。

　　若團體要前往，可聯絡山莊洽請陳燦榮先生直接主持研習會。旅館前的路燈也是夜間燈火賞蟲的好地點。

### 賞蟲期

　　枯球籮紋蛾的成蟲多半在早春時候羽化，正值農曆3月（這也說明神蝶祝壽正巧符合玄天大帝誕辰），即國曆4月春假前後。一般昆蟲6～9月。螢火蟲4～10月。

### 交通

　　台北西站、台中南站、高雄東站有直達阿里山的台汽客運；或從嘉義北門車站搭森林火車上山，每日1班。自己開車由嘉義順159甲縣道經茄苳、石卓，接18號省道經十字路至阿里山最簡便。

　　從石卓上行循169縣道可達奮起湖，轉接162甲縣道至瑞里。

### 食宿

　　沿途各村有餐廳。旅館中較適合賞蟲的是：阿里山青年活動中心，電話(05)2679874；瑞里若蘭山莊，電話(05)251210；奮起湖白雲山莊(05)2561012。

# 鵝鑾鼻半島

鵝鑾鼻半島至今仍難得地保有大片原始林，因而昆蟲種類繁多。

## 特色

鵝鑾鼻半島的地理、氣候，和台灣其他地區大不相同，有不少地方曾是海底，因此山區到處有奇形怪狀的珊瑚礁。氣候可以說很接近純熱帶氣候；但是到了冬天，又有強烈的落山風，形成獨特的植物相。相對於台灣各處的山野，甚至在中央山脈深山幽谷都被徹底開墾殆盡的今天，此地尚留存著廣袤的原始森林，可以說是奇蹟。

森林裡的動植物不但種類很多，還保留了不少原始種類，因此盛產種類繁多的昆蟲，奇怪的是，夜間飛蛾非常少。蝴蝶方

社頂公園內的小山谷被選為黃裳鳳蝶復育區。

鵝鑾鼻半島

面，具有代表性的是保育類黃裳　　情報》，頁116～118）。

鳳蝶，以及被稱為大傻瓜蝶的大

白斑蝶；

此外，原

則上每年

有一次玉

帶鳳蝶大

發生，成

蝶大群橫

越馬路，

往大陸方

向飛出海

岸，蔚為

大自然奇

觀。為期

約 1 ～ 2

周，此時

蝶群常與

飛馳而過

的汽車正

面碰撞，

以致地面

到處有散

落的蝶屍

（請參閱

《台灣賞蝶

鵝鑾鼻半島賞蟲區

熱帶系蝴蝶及其他昆蟲

大頭竹節蟲

往壽峠

199

旭海村

24

高雄
往楓港

199

牡丹

24

四重溪

五重溪山

南仁山生態保護區

車城

200

老佛山

滿州

佳樂水

恆春

大尖石山

墾丁森森遊樂區

社頂公園

龍鑾潭

24

墾丁

青年活動中心

貓鼻頭

鵝鑾鼻

鵝鑾鼻半島

忙著採蜜的青花蜂，有美麗的色彩。

## 賞蟲據點

### 1.墾丁森林遊樂區

由林務局經營。區內各種地形及純熱帶系植物組合的奇觀，居鵝鑾鼻半島之冠，然蝴蝶和昆蟲族群規模僅是本區中的第3位。本區最適合老人或小孩賞景兼賞蟲，也可以在區內露營、烤肉。

### 2.社頂公園

一般學生、民眾可以盡情在此賞蝶、賞蟲，交通方便且安全。區內有非常完整的賞蝶步

道、路標及解說牌。如事前和墾丁國家公園遊客服務中心接洽，可派專業解說員導覽。除漫天飛舞的蝴蝶外，蟬、蛇、蜂、蝗、螽斯、椿象、螳螂、金龜子等，應有盡有；更難得的是，由於昆蟲密度高，部分昆蟲不必用心尋覓，也會自行在路邊現身。

### 3.南仁山生態保護區

是南台灣最理想的賞蝶賞蟲勝地。原則上，昆蟲相和社頂公園差不多，但是由於限制遊客人數，因此在路邊活動的蝴蝶及各種昆蟲遠比社頂公園多。另外，本區內有南仁湖

南仁湖是唯一由原始森林環繞的沼澤區。

黑斑蟌。

及溪流等豐富的水域，因此沿著溪流，在夏季可以看到小型蝶道型蝴蝶谷，還有在社頂公園看不到的水生昆蟲，如蜻蜓、蟌、豆娘、螢火蟲、水螳螂、龍蝨等。

筆者於民國70年間，在此地進行過小規模的黃裳鳳蝶復育工作。故在此看到黃裳鳳蝶的機會比社頂公園多。由停車場到南仁湖只有一條明顯的山路，沿路賞蝶賞蟲均宜。在密林內的空曠地，雖有更好的賞蟲地，但人煙稀少，除了有迷路危險外，目前還有不少毒蛇、毒蟲盤據其中，千萬不要隨意闖進。

本區屬生態保護管制區，每日對進區的遊客數量有嚴格的限制，故必須事先向墾丁國家公園管理處申請，批准後才能成行。而且必須步行數小時，只適合準專業的資深賞蟲者，小孩、老人不宜。

### 4.滿州鄉

這裡遍布遼闊的農耕地，但靠國家公園的山麓一帶，有不少蝴蝶，尤以大白斑蝶居多。另外在大片農耕地間或小山丘，也有一片片相思樹林。只要是相思樹組成的人造林就有番仔香樹（過山香），那麼一定會有玉帶鳳蝶大發生。但是可觀的大群幼蟲、蛹群及蝶群，一年中頂多出現一次，每次可賞時間只有一個月左右，而且必須開車尋覓大發生地

只要蝴蝶聚集處，即可看到其他多種昆蟲。

點，因此不太適合一般人、學生尋蝶。鵝鑾鼻半島的其他賞蟲據點均在國家公園範圍內，絕不可採捉帶回；但滿州鄉賞蟲區不屬國家公園，可採蟲回去研究、飼養。

### 5.救國團墾丁青年活動中心

瀕臨碧綠大海，有青蛙石等珊瑚礁獨特的景觀，以及純閩南式旅館及各種活動設施。基地內還有大片森林，近年來積極進行蝴蝶復育，因此就在旅館周圍也有各種熱帶性蝴蝶可賞，搭配其他昆蟲。最理想的是，到了墾丁，就在此落腳住宿，以此為中心進行其他據點的賞蟲或旅遊活動。

### 6.佳樂水

位於鵝鑾鼻半島東側，面臨

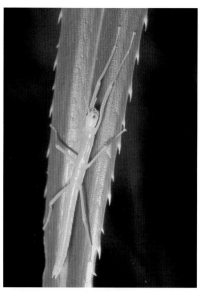

大頭竹節蟲僅分布於佳樂水。

太平洋，擁有「海神樂園」的美譽。海岸地質多為珊瑚礁及風化岩，各種奇形怪狀的岩石羅列其間。遠離遊客的海邊林投樹叢嫩葉上，有保育類「大頭竹節蟲」。這類大型竹節蟲，全台灣僅分布於此。除此之外，賞蟲應往山邊，較安全的是到林務局佳樂水苗圃，那兒蝶蟲俱多，更有全台灣樹冠最大的榕樹奇觀。

### 賞蟲期

一般熱帶系蝴蝶四季均有，但以6～8月最佳。玉帶鳳蝶真正的大發生，通常每3～5年有一次，在6～7月間，每年日期不同。如一定要看這幕奇觀，可每周打一次電話向公園管理處的遊客服務中心詢問，電話（08）8861321。

其他昆蟲一年四季也都有，但4～10月較多，最佳賞蟲期集中在6～7月。

### 交通

1.由台北、高雄有客運直達墾

鵝鑾鼻半島

林務局佳樂水苗圃有豐富的昆蟲可賞。圖中並非許多林木，而是一棵榕樹氣根接地轉成樹幹群，其林冠為全台最大。

丁森林遊樂區，下車後循著路標，幾10分鐘可達社頂公園。在恆春換台汽客運可達滿州、佳樂水。要去南仁山生態保護區，則需在南仁路站下車，順路標步行。

2.自己開車由小港交流道下高速公路，走17號省道到水底寮，接1號省道到楓港，再轉24號省道可到恆春，由此可去墾丁、南仁山、滿州。由高雄到所有目的地，一路上都有顯明的路標。

食宿

墾丁、恆春有五星級旅館、民宿、露營區。最適合方便賞蟲的住宿點是墾丁青年活動中心，電話(08)8861221～4。

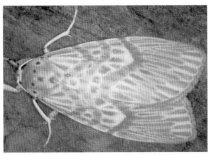

胡麻斑紅苔蛾屬燈蛾科，是飛集燈火的普通種。

# 南部其他賞蟲地

## 黃蝶翠谷及六龜彩

黃蝶翠谷內，淡黃蝶大發生時的奇觀。

　　原則上，每年6月和10月間有兩次淡黃蝶的大發生，蝴蝶數量常以千萬隻計，形成滿山滿谷都是淡黃蝶的大自然奇觀。大發生期適合學生或一般人賞蝶，也值得專門研究蝴蝶生態的昆蟲學者前往研究生態系激烈變遷下的蝶類消長情況。

　　黃蝶翠谷位於高雄縣美濃鎮雙溪的美麗小山谷。谷的入口處

有林務局的熱帶樹木母樹團。此地除了淡黃蝶大發生期有大批淡黃蝶出現外，其他蝴蝶及昆蟲卻

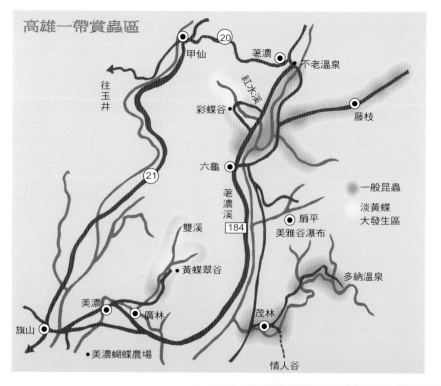

高雄一帶賞蟲區

往玉井

甲仙

20

荖濃

不老溫泉

紅水溪

彩蝶谷

藤枝

21

六龜

184

雙溪

荖濃溪

扇平
美雅谷瀑布

一般昆蟲

淡黃蝶
大發生區

多納溫泉

黃蝶翠谷

美濃

廣林

茂林

旗山

美濃蝴蝶農場

情人谷

黃蝶翠谷入口。

非常少。

　　六龜彩蝶谷的淡黃蝶大發生情況和黃蝶翠谷相同，但時間上慢1～2周。大發生期每年不盡相同，需要注意媒體報導。六龜彩蝶谷除了淡黃蝶以外，在夏天也有其他數10種蝴蝶沿著紅水溪形成蝶道。因此賞蟲期比黃蝶翠谷長，可從6月直到8月。其他昆蟲也比黃蝶翠谷多（上述2處賞蝶詳情，請參閱《台灣賞蝶情報》，頁96～103）。

　　從高雄市有密集的高雄客運直達六龜鄉及美濃鎮；另外，一天有兩班車直接開進黃蝶翠谷。如搭到美濃再換車坐到廣林，按路標行走，可達黃蝶翠谷。在六龜鄉下車後，按路標步行入山，

可到彩蝶谷。但路標不太清楚，最好向當地人問清楚再入山。

　　自行開車到美濃後，如要去黃蝶翠谷，走184甲縣道經廣林，順路標可達。如要去六龜，則沿184縣道。

　　沿線村落有餐廳，較具規模的有美濃的中美大旅社（07）6812102，六龜的慶德大旅社（07）6881123。

## 曾文青年活動中心

　　曾文水庫位於台南縣楠西鄉，多年來努力進行鳥類復育工作，到處飛著各類小鳥。救國團曾文青年活動中心，則致力進行蝴蝶和螢火蟲復育，已有不錯的初步成果，就在院子中也很容易

曾文青年活動中心內設置螢火蟲人工復育室，初步成果相當不錯。

# 南部其他賞蟲地

看到紅紋鳳蝶怪模怪樣的幼蟲，以及很像貝殼的奇妙形狀的蛹。

另有螢火蟲人工復育室，夜間可看到成蟲、幼蟲發光活動。在6、7月間也有不少獨角仙。此外曾文水庫周圍，沒有人工燈源的地方，常有或多或少的野生螢火蟲。

活動中心有完善的宿食服務，也可派出專人解說，電話(06)5753431～5。由台南走20號省道至玉井，接3號省道經楠西，順路標可達。沿路行道樹由芒果樹轉為大王椰子，清新的南洋風情溢滿空中。

鬼艷鍬形蟲。

## 藤枝森林遊樂區

位於高雄縣桃源鄉，為布農族部落，林木蓊鬱，有「南台小溪頭」之稱。因保護得當，區內依舊保持天然與原始的林相景觀。需事先辦理甲種入山證，洽詢電話(02)23948211或（07）

7460105。

區內僅藤枝山莊提供團體房住宿，若想委辦伙食，需預約，電話(07)6891034。無公車直達，最好自行開車，從路竹下交流道，沿184縣道至六龜，後沿林道按指標前進。

## 扇平森林遊樂區

位於高雄縣茂林鄉，周圍山脈宛如展開的扇形。日治時代是培養金雞納樹的林場，現有不少人工培育的純熱帶植物混合的森林，因此散見各種蝴蝶；尤其在溪流間，有顯明蝶道。其他昆蟲、螢火蟲也不少。賞蟲時節5～10月，但以6、7月最佳。

由高雄乘高雄客運到六龜，轉搭往草坔的班車在扇平路口下車；自行開車則由路竹下高速公路，沿184縣道至六龜，轉27號省道。區內僅有員工宿舍通鋪供食

宿，電話(07)6891647～8。需事先辦理甲種入山證。

### 流森林遊樂區

四周有雄偉的天然山陵宛如屏障，美麗的森林、溪流、瀑布貫穿其中。春夏間有不少蝴蝶及昆蟲，曾有黃裳鳳蝶的分布紀錄。

位於屏東縣獅子鄉，由高雄、台東、枋寮、楓港等有台汽客運走南迴公路班車，在雙流站下車後，按路標步行。開車則由高雄南下楓港，即可進入南迴公路（9號省道）到雙流。遊樂區電話(08)8701394。不供食宿，可選擇北往屏東，南往四重溪、恆春、墾丁等處住宿。

### 紫蝶幽谷

能在冬天有幾十、幾百萬隻蝴蝶密集，進行大規模的集團越冬而形成大自然奇觀的，全世界僅有兩個案例，一個是北美州的大樺斑蝶，另一個是台灣的紫蝶幽谷。後者有高度的觀賞價值及

紅螢酷似螢火蟲，但不具備發光器，自成一科。

學術研究價值，但位處深山幽谷，不適合一般人，尤其是兒童前往。12～1月最有機會見到此奇景。

紫蝶幽谷分布在高雄、屏東兩縣，確實地點每年不同，必須和嚮導聯絡好，約好日期、時間在潮州或六龜車站會合後，由嚮導領路（請參閱《台灣賞蝶情報》，頁106～111）。

紫斑蝶集團越冬的奇景。

# 蘭嶼

台灣
昆蟲
大探險

## 特色

蘭嶼島在生物學上，是一個非常奇妙的存在。它位於台灣島東南部太平洋上，離台灣本島只不過幾10浬，然而在島上滋生的植物、昆蟲，並不屬於台灣本島系

蘭嶼島上的原住民、地物景觀、植被與咫尺之距的台灣全然不同。

## 蘭嶼島賞蟲區

五孔洞

雙獅岩

朗島

尖秀山

開元港

殺蛇山

青蛇山

椰油

東清

紅頭山

饅頭岩

野銀

飛機場

飯山

紅頭

大森山

龍門

☀ 熱帶系蝴蝶
☀ 珠光鳳蝶有紀錄的場所
☀ 其他昆蟲

# 蘭嶼

統，反而和遠離台灣有千里之遙的菲律賓島完全一樣，甚至島上的原住民、地形、地物景觀等，都和台灣大不相同。

　　根據筆者在民國75年的研究統計，在這面積才450平方公里的小島上，竟然有116種蝴蝶紀錄。如果以單位面積比擬台灣本島，是台灣的250倍。其中有不少種類是屬於純熱帶的菲律賓系統，如瀕臨絕種的珠光鳳蝶、琉璃帶鳳蝶等。其他昆蟲種類也非常多，同樣具有菲律賓色彩，如蘭嶼象鼻蟲、大葉螽斯等。

**昆蟲情報**

　　蘭嶼島僅沿海岸有狹小的帶狀平地，其餘空間完全被險峻的中央山脈占領。島上只有一條環島道路，另由紅頭村有一條橫貫山路穿越中央山脈，聯絡對面的野銀村。最著名的珠光鳳蝶分布在環島道路和山區間較平坦、但仍然保留著茂密森林的場所；琉璃帶鳳蝶多在溪流邊飛舞；其他蝴蝶及少許各種昆蟲也多半分布在這些地方。中央山脈密不通風的熱帶雨林內部根本沒有昆蟲，具強烈特色的昆蟲則在中央山脈中樹木較疏的空地。但是一般人根本沒有辦法到達，於是縱貫公路邊是人們一窺這

蘭嶼之光輝——珠光鳳蝶，是台灣產蝴蝶中，最大型、最豪華的種類。

蘭嶼

些奇妙昆蟲真面目的唯一場所。

蘭嶼象鼻蟲的身體，在黑底上有發亮的美麗綠色斑紋，大多停在森林下的植物葉上。牠們感覺有危險時，

具有美麗色彩的蘭嶼象鼻蟲。

立刻縮腳假死，掉下後鑽進密密的草叢。因此一旦發現蟲體，小心將帽子放在牠們所停葉片下，輕輕地用手靠近，就會自動落入帽子。牠們的翅膀退化合而為一，無法飛走，走路模樣很可愛，觀察了一陣子必須放回原地，因為牠們是保育類昆蟲。

身長可達30公分的蘭嶼巨竹節蟲、台灣產直翅目中最巨大且擬態樹葉的蘭嶼大葉螽斯等，都屬保育類，只能觀察不能捉走。

很奇怪的是，蘭嶼和鵝鑾鼻半島一樣有豐富的蝴蝶及各種昆蟲，但飛蛾非常少，夜間燈下觀蟲的機會幾近於零。

螽斯擬態樹葉，體呈綠色，不易發覺。

一年四季均有珠光鳳蝶與其他蝴蝶，5～10月較好，但6～8月種類、數量最多。珠光鳳蝶則在7～10月最多。

蛺蝶幼蟲偽裝成樹瘤，藉以躲避天敵。

其他昆蟲多於6～9月出現，7月密度最高。

由台東可搭相當密集的台灣航空（現與立榮航空合併）、永興航空小飛機，若由高雄每日僅有1～2班。

旅館有觀光用大小型遊覽車。鄉公所經營

的環島公車，一天只有2班。最方便的是在紅頭村或椰油村租機車或小客車自行繞島賞景賞蟲。當然也有不按錶收費的計程車。

各村落有中小餐廳。旅館有2處，分別是椰油村的蘭嶼大飯店，電話(089)732032，及紅頭村的蘭嶼別館，電話(089)732111。

鬚金龜具有形狀非常獨特的觸角。

# 野外賞螢據點

在台灣山區，目前仍然有很多大小規模不等的野生螢火蟲繁衍地，賞螢時，必須掌握發生期，並不是隨時去隨時可以看得到。經筆者調查歸納的賞螢據點如下（讀者可依本書157～158頁的尋找要領，自行發現賞螢據點）：

台灣窗螢展翅高飛囉！3～9月的野外可以看到牠們的蹤影。

## 北部

1.烏來一帶：紅河谷、迷你谷、娃娃谷、信賢村、福山。

2.陽明山：馬槽、平等里、竹子湖、古圳道、蝴蝶花廊。

3.汐止至萬里一帶：汐萬路路邊溪流、千蝶谷。

4.台北市近郊：明德樂園、內湖金龍寺、信義區的虎山溪、石碇。

5.淡水、基隆附近：三芝山區、瑞芳、平溪。

6.桃園：慈湖。

7.新竹：五峰、尖石、清泉。

8.苗栗：明德水庫、獅潭鄉、卓蘭鎮。

## 東部

1.宜蘭：北關農場、頭城、金盈谷瀑布、員山鄉。

2.花蓮：美崙山

# 野外賞螢據點

擬紋螢雄螢（上）正向雌螢示愛。

**中部**

1.台中：東勢林場、雪霸國家公園。

2.南投：國姓鄉、中寮鄉、竹山鎮、東埔神木村、埔里（獅子頭溪、南山溪、觀音瀑布）、惠蓀林場、玉山國家公園。

**南部**

1.嘉南地區：瑞里山區、曾文水庫及附近、白河、關仔嶺。

2.高屏地區：南仁山生態保護區、恆春生態農場、美濃蝴蝶農場、藤枝森林遊樂區、扇平森林遊樂區、三地門—霧台—阿禮。

區、中正山區、太魯閣國家公園。

3.台東：利嘉林道、知本森林遊樂區。

在北關農場（左圖）、關仔嶺（右圖）仍有機會觀賞螢火蟲。（柯焜耀◎攝）

# 昆蟲博物館·昆蟲園

標本雖然不能與
活靈活現的昆蟲相比，
但有助於充實賞蟲的知識。
有些昆蟲博物館的收藏，
包括台灣以外的種類，
更擴大我們賞蟲的眼界；
有心人士更建造了
網室或溫室昆蟲園開放參觀。
Are you ready?
起步——走！前進知性加油站！

# 北市成功高中昆蟲博物館

總數高達3萬多件蝴蝶及其他昆蟲標本，密密麻麻地排列在館中，展示主題包括：

### 1.相關的基本知識

有完整的昆蟲形態、生態、分類等最基本

異常型蝶標本：幼蟲頭部已露出蛹外（上圖），但羽化失敗，變成翅膀皺皺的、頂著一個幼蟲頭的怪模樣。

的知識展示物。

### 2.形形色色的昆蟲世界

來自台灣及全世界各處的蝶、蛾、甲蟲到不常見聞的珍稀昆蟲等標本，分裝在500個標本箱展示，從豪華美麗的蝴蝶到稀奇古怪的蜉目昆蟲等，應有盡有。其中價值連城，已經無法用金錢購買，等於是無價之寶的標本有：

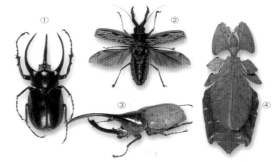

成功高中昆蟲博物館收藏的珍貴標本：①多角大獨角仙、②巨嘴天牛、③長角大獨角仙、④葉蜉。

①光復後，在台灣新發現，並首次向全世界學術界發表的新種、新亞種、未記錄種等的模式標本。

②陰陽蝶、雙肚蝶、五翅怪蝶、異常型蝶等。

③我國及世界性瀕臨絕種，已經嚴禁採捉買賣的保育類蝴蝶及

其他昆蟲。

### 3.台灣的蝴蝶資源資料

①蝴蝶教育及觀光資源資料。

②台灣區現存蝴蝶盛產地介紹及賞蝶指南。

③台灣的蝴蝶經濟資源：「昆蟲宮殿」是由1萬6千隻蝴蝶及其他昆蟲裝潢而成的客廳。如果目

# 北市成功高中昆蟲博物館

前再造出類似的展示單位，將會受到保育界責備。它是

昆蟲宮殿。

在民國50年代，台灣蝴蝶加工業全盛期，每年採捕3千萬隻蝴蝶時期造成的。它的主題是「蝴蝶資源的保育和開發」，以台灣蝴蝶加工業的盛衰歷史，說明台灣蝴蝶族群在光復以後的消長情況，以及蝴蝶資源的保育和開發如何取得平衡；為全世界獨一無二、具有強烈特色的展示物。

## 地址、電話

台北市濟南路一段71號（成功高中內），電話(02)23218679。公車0南、15、295等可達。

## 參觀、研習指南

開放時間為星期一至五，每日上午9點至下午4點，星期六僅在上午開放。團體參觀最好預先以電話聯繫，歡迎中小學教師利用該館為學生介紹有關自然課本中昆蟲的單元，免費參觀。

也可委請該館，由筆者或其他義工主持半天至數天不同層次的研習會。除了在該校舉辦外，也可帶各種教學媒體、標本到學校或各單位去主持研習會，或者直接率團到野外觀察研習。

目前市政府正計畫在校園另一角重建新館，預定在民國90年即可將面積擴大為兩倍，具有現代化全自動解說系統、完善的多媒體放映室、研習實驗室等先進的教育設施。

聞名中外的成功高中昆蟲博物館，連日本學生也組團來參觀（右圖）。

# 木柵動物園蝴蝶館

## 概況

有世界最大的玻璃溫室人工蝴蝶館，可惜當初設計錯誤，致使目前館內蝶種、蝶數很少。台

北市政府正研擬以龐大預算拆除重建並擴充內容，重新成立昆蟲館。

## 電話、交通

電話(02)29382300。高速公路在汐止有動物園專用交流道；台北市有木柵線捷運和多線公車（聯營236、259及指南1、2路等）直達，也可自行開車。交通、停車均方便。

計畫拆除重建的木柵動物園蝴蝶館。

# 北市士林國小昆蟲館

## 概況

由台灣賞蝶會副會長陳抱鑰先生捐贈的全套昆蟲展示室，以台灣鄉土蝴蝶、其他各種昆蟲標本及資料為主，配以部分世界各處的昆蟲標本。旁邊還有1間貝殼館，也是由陳抱鑰先生所贈。免費參觀，只接受團體前往，如先預約，即能夠由陳抱鑰先生親自解說。請洽(02)28811008。

## 地址、電話

台北市士林區大東路165號，士林國小，電話(02)28812271轉教務處。

士林國小昆蟲館。圖中即為陳抱鑰先生。

# 內湖活性昆蟲標本館

## 概況

退休軍官梅永生費了10多年創建的小型昆蟲標本館。與眾不同的是：他在野外一採到昆蟲立刻以加熱乾燥法製成標本，看起來很新鮮，自稱是世界上獨一無二的活性標本，特殊的是：有態期轉換中的標本，如正在羽化、正在脫皮中的標本等。專門讓社區小學、幼稚園兒童參觀研習。

## 地址、電話

該館位於台北市內湖區安泰街53巷2號2F，電話(02)26311424，欲前往參觀前需先以電話聯絡。

內湖活性昆蟲標本館。

# 汐止千蝶谷昆蟲生態農場

## 概況

這是專門為對蝴蝶及其他昆蟲有興趣的師生及民眾設計的專業觀察、研習場所。和其他國內人工昆蟲園不同的最大特色是，位於秀麗的大自然中，野外蝶群訪花採蜜，各種昆蟲優游於翠綠的草原林間。另設有大型網式人工蝴蝶園、水生昆蟲池、螢火蟲家鄉及幼蟲牧場、林間昆蟲教室等。

## 地址、電話、交通

農場位於台北縣汐止鎮汐萬

位於秀麗山谷間的千蝶谷。

# 汐止千蝶谷昆蟲生態農場

路三段499巷499弄18號,電話(02)27090708。由汐止交流道下高速公路後,立刻右轉沿汐萬路經汐農老人休閒中心,在路邊柯子林茶莊附近,有路標可循。

## 參觀、研習指南

雖然一年四季均有蝴蝶成蟲、卵、幼蟲、蛹各態期,但在5～10月最佳。整年接受團體入園,但只在例假日開放給一般散客參觀。

專辦各級學校師生及一般民眾團體的1～3天的一般研習活動及專業課程。模擬成功高中昆蟲博物館的方法,混合多樣化的教具、教學媒體,做雙向教學外,更將課程趣味化、戲劇化,並結合野外活生生的昆蟲做活潑的動態教學。

# 新竹登元昆蟲公園

## 概況

製造精美陶瓷出口的新竹六家窯登元公司,為了回饋家鄉,投下巨資成立的綜合性昆蟲公園。包括大型網室蝴蝶園、螢火蟲園、蜻蜓池、甲蟲森林以及極富特色的昆蟲博物館等,尤其螢火蟲的飼展規模堪稱世界第一。一年飼養總數總在20萬隻左右,在大發生期每天有數千隻成螢飛舞,形成奇麗的光點大舞會,令人歎為觀止。

登元昆蟲公園。作者與創辦人詹輝煌先生(左)合影。

# 新竹登元昆蟲公園

## 地址、電話、交通

昆蟲公園位於新竹縣竹北市東興路111號，電話（03）5501911～6。由北二高芎林交流道下高速公路，順東興路前行即達。如走中山高由竹北交流道下，經縣府2路右轉，即可接東興路。

登元昆蟲公園內的標本館。

# 新竹芎林國小昆蟲教室

## 概況

展示鄉土蝴蝶及各種昆蟲標本，另有觀察實驗設備。只供鄰近小學團體參觀、研習。請先以電話聯絡。

## 地址、電話

芎林國小位於新竹縣芎林鄉文山路288號，電話（03）5923184。

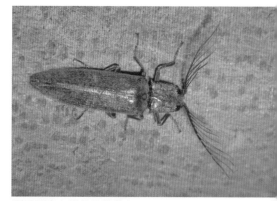

鬚叩頭蟲有雄偉的觸角。

# 埔里木生昆蟲館

### 概況

木生昆蟲館。

累積了三代的收藏心血，擁有1萬5千件以上標本，展示豐富的台灣產和全世界各處的蝴蝶以及其他昆蟲標本，包括曾經稀奇珍貴的雲南彩帶鳳蝶。另有蝴蝶裝飾品、民藝品等展示物。整年無休，只付象徵性門票費（約20元）即可參觀。如買件蝴蝶手工藝品也可免費參觀。

### 地址、電話、交通

該館位於南投縣埔里鎮南川路672號，電話（049）913311。從草屯沿14號省道，往日月潭路上，靠近埔里鎮義路的愛蘭橋邊小山丘上。

# 埔里錦吉昆蟲館

錦吉昆蟲館內的蝴蝶園。

### 概況

以台灣產各種蝴蝶、昆蟲標本為主體的小型昆蟲博物館，也兼展售各式各樣的蝴蝶民藝品。

館主羅錦吉先生說，除金門、馬祖外，全台灣376種蝴蝶他都有收藏。整年白天開放，不收門票。整天有人在店內賣東西兼顧展示室，不必事先聯絡。

### 地址、電話、交通

該館位於南投縣埔里鎮中山路一段21號，電話(049)920029。在埔里往霧社的14號省道，獅子頭站附近大馬路邊。

# 埔里蝴蝶生態農場

## 概況

培養數量龐大的蝴蝶，專售活蛹供國內蝴蝶園或研習用。整年均有蝴蝶各態期

埔里蝴蝶生態農場大量生產待羽化的蛹群。

活體，但未開放給一般民眾參觀。也出售各種蝴蝶食草，如需活蛹或有關蝴蝶植物供學校師生觀察研究，可前往選購。

## 地址、電話

農場位於南投縣埔里鎮中山路一段56號，獅子頭車站附近路邊。電話(049)920006。

# 彰化台灣民俗村蝴蝶館

## 概況

以台灣傳統建築、技藝、文化為主題的大型綜合觀光遊樂區。內有小規模的蝴蝶館，分為室內館及戶外網室兩部分，室內館裡展示著近百種台灣特有

的蝴蝶標本及蝶類的照片，室外則是活體觀賞的復育網室。生物館區每年夏季會推出「台灣蝴蝶展」。

## 地址、電話、交通

該館位於彰化縣花壇雅村三芬路30號，電話(04)7870088。自員林或彰化交流道下高速公路，再行17號省道至花壇，由三春派出所旁轉入，沿途有路標。

台灣民俗村的戶外網室蝴蝶館。

# 台南亞歷山大昆蟲館

流動性的亞歷山大昆蟲博物館。

處小型蝴蝶牧場邊，只供團體參觀。也隨時應學校或社團等單位邀請，將標本貨櫃拖到學校操場，或舉辦活動的任何場所供人參觀。也可以此為中心，代辦有關蝴蝶的研習活動，另外還供應學校博物教室布置教學用標本。

## 概況

　　國內唯一的流動性昆蟲博物館，將標本及資料布置在5個大貨櫃中。平時停放在台南市郊的一

## 地址、電話

　　該館設在台南市建業街37巷24號，電話（06）2708933。

# 美濃蝴蝶生態農場

美濃蝴蝶生態農場的網室蝴蝶園。

## 概況

　　前身是台灣最大的蝴蝶飼養場，每年生產大量活蛹出口到高度開發國家的人工蝴蝶園，展示台灣產蝴蝶舞姿。年來已轉型成讓師生民眾觀察、研習蝴蝶生態的場所。新場有1,500坪世界最龐大的網室蝴蝶園，園內飛舞的蝴蝶密度為我國各處人工蝴蝶園之冠。規模及設施已達世界標準。

# 美濃蝴蝶生態農場

## 地址、電話、交通

　　農場新址在高雄縣美濃鎮石山里竹門14之2號，電話（07）6852970。由高雄或美濃搭高雄客運往六龜的班車，在竹門發電廠站下車，農場就在路邊。若自行開車前往時，請先打電話詢問，以免有迷路之虞。

獨角仙的成熟幼蟲用土做蛹室。

# 屏東國堡遊樂區蝴蝶園

## 概況

　　本身為綜合性遊樂區，供餐宿，除有遊戲場、花園、水族館外，還有一處昆蟲博物館及網式蝴蝶園。一年四季對外開放，進入遊樂區後不另外收費。

## 地址、電話、交通

　　位於屏東縣枋山鄉枋山村中山路三段124號。電話（08）8761778。由屏東搭乘往墾丁的台汽客運在枋山村下車。開車則由屏東沿屏鵝公路前進，在枋山附近的大馬路邊。

國堡遊樂區內設有蝴蝶園。

泡沫蟬幼蟲神奇的自我保護方式。

# 台灣全島重要賞蟲地及昆蟲園(館)

蝴蝶花廊
千蝶谷
成功高中昆蟲博物館　台北市
烏來
新竹　　　　　頭城
登元昆蟲公園

飛牛牧場
谷關　　　天祥
東勢林場　梨山
惠蓀林場　　　太魯閣
台中
盧山
霧社
埔里
日月潭
台灣民俗村　溪頭　富源蝴蝶谷
杉林溪
瑞里
嘉義　阿里山
台南　埡口
美濃蝴蝶農場　彩蝶谷
黃蝶翠谷
高雄　紫蝶幽谷　台東
知本
國堡蝴蝶園
屏東

墾丁森林遊樂區　南仁山生態保護區
社頂公園

▨▨▨▨▨　高速公路
▨▨▨▨▨　公路

# 重尋與昆蟲同樂的趣味

蜂類的毒針，常讓人類退避三舍。

　　因為經濟起飛，今天人們才能夠享受豐富的物質生活，但是真正的大自然卻逐漸遠離我們。於是開始有人懷念大自然，關懷野生動物，進而渴望和美麗或可愛的野生動物接觸。由於鳥類和蝴蝶經常飛翔空中，舞弄多采多姿的面目，於是賞鳥、賞蝶的活動應興而起，並且逐漸普遍化，人們能夠從鳥蝶形姿上觀察到大自然精緻的藝術創造，也能深深地體驗到鳥蝶以本能為基礎發散的美妙生態。

　　然而在大自然界中，尚有一個由龐大種類組成的昆蟲王國等著有心人去關懷、欣賞。事實上人們除了對美麗的蝶蜓、討厭的蜂蟑蚊蠅等較熟悉外，其他昆蟲都很陌生。如此，昆蟲世界是吾人尚未開發的趣味之泉源，它隱藏了美妙、獨特、奇異、古怪、恐怖、殘忍等多元化的「形性」，足以滿足人們的好奇，從中享盡賞蟲快樂。不過，除了具有大型翅膀的昆蟲經常在空中展翅飛翔、隨時現身引起人們注意外，絕大多數的昆蟲，白天會想盡辦法躲藏在隱蔽場所活動，甚至晝伏夜出，因此賞蟲方法在基本上及技術面都和賞鳥、賞蝶不同。

　　有鑑於此，我著墨本

曾經盛行台灣一時的職業採蟲人。

書，為有意和昆蟲接觸的人們，指出一條賞蟲捷徑。本書並非
「昆蟲學」，也不是介紹有關昆蟲已知知識的通俗資料，而是把
昆蟲當成上蒼所創造的眾多
「活的藝術品」，提供有意賞
蟲的讀者關於賞蟲的基本知
識、方法、技術；並使讀者有
能力在家鄉的自然界中，自行尋
覓昆蟲、設計賞蟲活動，覓蟲觀姿，
掘挖樂趣的泉水，用以滋潤人生。

剛孵化的椿象群。

當然，如果讀者在賞蟲之餘，有興趣探討昆蟲世界裡所深藏的
更奧妙生態，或能以此為基礎，進一步探討研究。純學術性研
究不一定要在實驗室內進行，只要有心，隨時隨地，在野外或
自己家裡都可以。目前各國關於昆蟲生態的鉅著，有不少就出
自業餘昆蟲研究者之手。

　　本書能夠完成，特別感謝帶領我進入昆蟲領域的貢穀紳教
授；此外，業餘同好提供的精美幻燈片，豐富了本書的內容：
陳燦榮先生提供螢火蟲等60張、梅長生先生提供直翅目昆蟲等
60張、林致誠先生提供蛾類等10張；另，對陳抱鎔先生及青新
出版公司編輯群的辛苦，也致上我由衷的感謝。

　　祝福各位和本書一起踏入神奇的昆蟲世界！

1998年仲春

# 作者檔案

種昆蟲書籍。投注一生心力於蝴蝶研究，創設了聞名中外的成功高中「昆蟲博物館」。退休後，致力將昆蟲資源轉化為教育資源，開發以昆蟲為主題的新型研習形式，主持或協助學校、團體舉辦有關昆蟲的研習會，藉以推廣昆蟲保育觀念。

陳維壽，1931年生於台北市。從事教育工作40年。1996年退休。曾任台北市成功高中教師並兼任台灣省立博物館、文化大學農業研究所研究員。現任中華民國保護動物協會理事、台灣賞蝶會會長、成功高中博物館館長。著有《台灣區蝴蝶大圖鑑》、《台灣賞蝶情報》、《台灣產蛾類》、《昆蟲世界》、《昆蟲研究法》等50餘

## 繪者小記

戴惠珠，澎湖縣出生，開朗溫婉的大海女孩。復興商工美工科畢業，空中大學人文學系肄業。曾任《小牛頓雜誌》美術編輯、《小小牛頓雜誌》美編組組長。現為兒童插畫工作者與兒童手製繪本班老師。

# 台灣，蝴蝶的故鄉。

《台灣賞蝶情報》帶您進入蝴蝶的世界。
挑個晴朗有陽光、心情愉快的日子，
和蝴蝶訂一場絢麗的約會吧！

當我就讀成功高中時，陳維壽先生雖然沒有直接教到我，但是全校師生都以擁有像他這樣一位研究台灣蝴蝶的先驅的老師為榮；我對他只能用「崇拜」兩個字來形容。

名作家　小野

為了彌補國內沒有一本適合初學者進入賞蝶領域指南資料之憾，讓我有機會以深入淺出及通俗化、趣味化的方式，寫出這一本可以兼作蝴蝶圖鑑的《台灣賞蝶情報》，讓你認識蝴蝶、關懷蝴蝶。

作者　陳維壽

本書曾獲《聯合報》讀書人版「每周新書榜」

台灣賞蝶情報。

陳維壽　撰文／攝影

| 教育廳主任 | 李鍾桂 |
| 中華昆蟲學會創辦人 | 貢穀紳 |
| 台北市立動物園園長 | 朱錫五 |
| 台灣賞蝶會創辦人 | 陳抱鑰 |
| 名作家 | 劉墉 |
| 名作家 | 小野 |
| | 聯合推薦 |

全彩精美印刷　定價◎390元

# 橫行台灣系列叢書，

誰在那邊撒野，竟敢橫行台灣？非也！「橫行」乃橫的走向，如螃蟹走路，儘管沒什麼章法，但亂中有序。台灣雖小，然五臟俱全，值得您細細品味。縱走遊覽固然不錯，橫行玩耍更具創意，玩得廣且深，是謂「宏觀」旅行！

## 台灣山林另類遊

簡扶育◎著

清涼特價159元

登山、攀岩、採礦、遊山，呼吸森林芬多精，溫泉冷泉洗凝脂。

## 台灣水路另類遊

簡扶育◎著

清涼特價159元

弄潮、潛水、泛舟、溯溪，燈塔漁村皆美景，海岸離島自由行。

## 台灣賞蝶情報

陳維壽◎著

定價390元

# 讓您專心注視台灣豐沛的生命！

旅遊風氣日盛，出國旅行的人數逐年增加。遨遊四海增廣見聞，的確有益身心；然周遊列國後，再重新回頭認識「生於斯，但尚未盡知」的家園，您會發現，台灣生態之美、人文之精，穿越眼界，無限延伸。

**鬥陣遊台灣**

李憲章◎著

定價280元

當你清楚吳沙開墾宜蘭的艱辛，蘭陽平原將變得無比遼闊。多了解過去，才能更深入認識台灣。本書所選，通常是先民開發較早，或曾發生較重大歷史事件之地。

**台灣昆蟲大探險**

陳維壽◎著

定價=450元

青新出版有限公司

劃撥帳號 18828165

洽詢電話 (02)23120840

國家圖書館出版品預行編目資料

台灣昆蟲大探險／陳維壽撰文‧攝影. -- 初版.
-- 臺北市：青新, 1998〔民87〕
面；　公分. --（橫行台灣　；5）
ISBN 957-98545-7-2（精裝）

1. 昆蟲 2.昆蟲 - 台灣

387.7                                87009876

橫行台灣 05

# 台灣昆蟲大探險

作　　　者＝陳維壽
發 行 人＝鄭松年
總 經 理＝馬大成

出 版 者＝青新出版有限公司
　　　　　　台北市重慶南路一段66-1號3樓
　　　　　　電話（02）23120840
　　　　　　郵撥 18828165

總 經 銷＝幼獅文化事業股份有限公司
　　　　　　台北市重慶南路一段66-1號3樓
　　　　　　電話（02）23112832
　　　　　　傳真（02）23113309

企畫文編＝楊娪英
超忙美編＝洪翠芳
電腦組頁＝達望廣告設計有限公司
印　　刷＝今日彩色印刷公司
初　　版＝1998.10

定　　價 定　　價＝450元
網　　址＝www.youth.com.tw
E-Mail＝youth@ms2.hinet.net

行政院新聞局核准登記局版台業字第5174號
(6003)
ISBN 957-98545-7-2（精裝）

紅艷天牛。

封面圖片說明：
圖左：珍稀的長吻白蠟蟲。
圖下：準備起飛的獨角仙。
圖右：尾端閃光的台灣山窗螢。

鍬形蟲紙雕免費贈送

小心牠鬥性十足哦！

（內附作法說明及步驟）

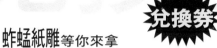

蚱蜢紙雕等你來拿

小心牠活蹦亂跳哦！

（內附作法說明及步驟）

親愛的讀者：

感謝您對《台灣昆蟲大探險》的支持，

我們準備了3,000隻鍬形蟲與蚱蜢的

立體紙雕送給您！

不僅讓您更親近昆蟲可愛的面貌，

還可享受自己動手組合摺疊的DIY樂趣。

詳細辦法請閱後頁說明。

優惠購買

《台灣賞蝶情報》

（本書原定價390元）

只適用於

向青新出版有限公司

直接劃撥

優惠購買

嘉利博資訊公司

各項產品

只適用於

向嘉利博資訊公司

直接劃撥或信用卡訂購

誠摯感謝

嘉利博資訊公司提供贈品

兌換券

您的大名 _____

寄送住址 _____

_____

聯絡電話 _____

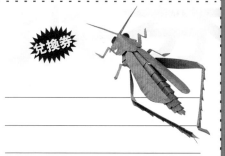

兌換券

您的大名 _____

寄送住址 _____

_____

聯絡電話 _____

折價券

青新出版有限公司
劃撥帳號18828165
洽詢電話（02）23120840

折價券

嘉利博資訊公司
劃撥帳號18985916
洽詢電話（02）25046049

1.昆蟲紙雕索取辦法

附上10元郵票，連同您想要的

昆蟲紙雕兌換券

（請完整填寫您的資料），寄回

「台北市100重慶南路一段66-1號3樓，

青新出版公司企畫組收」即可。

（若該隻兌換完畢，本公司將自行

更換另一隻，敬請見諒；

數量有限，送完為止。）

2.《台灣賞蝶情報》優惠購買辦法

將90元折價券貼在劃撥單上，

即可以300元的特價購買本書。

3.嘉利博資訊公司各項產品

優惠購買辦法

剪下折價券到「台北市松江路25巷

1-3號1樓」選購，或將200元折價券

貼在劃撥單上，或利用信用卡訂購。

220.—